U0095999

新醬汁圖鑑

Ideas and Recipes for Contemporary Sauce Making

以顏色區分，跨越日法料理類型
精選星級餐廳醬汁151種

Introduction

時代的進步和烹飪風格的轉變，使得醬汁的形態也隨之演變。

現代的醬汁變得更加輕盈，風味更加清新，充分利用蔬菜和水果的原料，呈現出色彩繽紛的效果。它們以粉末、果凍、冰淇淋等各種形式和質地出現。

不僅限於法國料理，如今世界各地的菜餚，反映各自獨特的飲食文化和歷史的全新醬汁層出不窮。其概念和每位主廚的表達方式可謂是千變萬化。本書便是透過25位主廚的151道食譜和料理應用範例，來介紹這些現代醬汁的百科圖鑑。

這些醬汁充滿了無法被傳統框架所束縛的個性，因此本書根據其視覺特徵，按照「顏色」分類，分爲7個章節。

此外，在書末還附上了依照類型和主廚索引的分類，方便讀者根據當時的需求找到靈感。

在閱讀完本書後，或許有些人會想要進一步深入瞭解所有醬汁的基礎經典技法。那麼，我們推薦您參考上柿元 勝主廚所著的《SAUCES法式料理醬汁聖經》（敝社出版），將可加深您對醬汁的理解。

目錄

chapter 1 | 白色醬汁

—

010 稻稈醬汁
011 茴香醬汁
012 毛豆泡沫
013 牡蠣精華泡沫(espuma)
014 蕪菁醬汁
015 松露鮮奶油
016 燻製豆腐白和
017 茉莉香米醬汁
018 沙克卡姆
019 乳酪醬汁
020 白色番茄醬汁
021 雞節和魚湯精華 椰奶 檸檬葉
022 乳清白醬汁
023 淡菜醬汁
024 優格冰粉
025 竹筍泥

—

料理應用 >>>

—

027 島田產洋蔥・稻稈
028 茴香・比目魚・烏魚子
029 ～夏日香氣～ 淺野 Eco Farm和高農園的蔬菜
030 燙煮牡蠣及精華泡沫，佐萊姆蛋白餅和薄荷油
031 炭火烤珠雞 佐茉莉香米醬汁和醃漬辣椒
032 尼泊爾餃 Sha phaley
033 淡菜、巴西利

chapter 2 | 綠色醬汁

—

036 奧科帕醬汁(ocopa)
037 蕪菁白酒醬汁
038 黃瓜青檸醬汁
039 綠辣椒阿查醬(chili achar)
040 香草庫利(coulis)
041 生菜和蓼的泥
042 紫蘇醬汁
043 蓼葉醬汁
044 冬瓜庫利(coulis)
045 羅勒油
046 發酵番茄和檸檬百里香醬汁
047 韭蔥醬汁
048 萬願寺甜辣椒冷湯醬汁
049 薄荷油
050 芝麻葉阿查醬

—

料理應用 >>>

—

052 奧科帕
053 秋風的引誘
054 今治產鯧魚 稻稈香 夏季蔬菜
055 海膽豆腐佐酢橘風味的冬瓜庫利
056 和歌山縣產扁鰺 發酵番茄 檸檬百里香
057 萬願寺甜辣椒冷湯醬汁 紅魷魚・海膽

chapter 3 | 黃色醬汁

—

060 青橘汁
061 「Aji amarillo」辣椒醬
062 牛肉清湯凍
063 柿子的莎莎醬(pico de gallo)
064 甜柑橘醬
065 甜辣醬
066 生魚片醬汁
067 魯耶醬(sauce Rouille)
068 番茄果凍
069 番茄淚與柚子醬
070 發酵蔬菜調味醬

071 春季高麗菜醬
072 燈籠果泥
073 貝亞恩斯醬(béarnaise)
074 烤玉米醬
—
料理應用 >>>
—
076 炸木薯
077 赤貝和扇貝的生魚片
078 普羅旺斯風石狗公
079 厚切虎河豚 番茄淚 唐墨
080 名古屋雞肉丸子玉米塔可 燈籠果泥和果醬
081 炒蟬蝦燻製紅椒醬 烤玉米 青橘汁

chapter 4 | 紅色醬汁

—

084 蘋果醋果凍
085 安地庫喬醬(anticucho)
086 草莓香醋醬汁
087 燻製紅椒醬
088 異國風味醬汁
089 Mexican pepperleaf發酵番茄醬
090 龍蝦乳化醬汁
091 Carnitas味噌醬
092 乾燥甜蝦調味醬
093 燻製紅椒醬
094 紅芯蘿蔔和仙人掌的莎莎醬
095 喜爾蒂姆胡椒與番茄的香料醬汁
096 燻製骨髓醬
097 修隆醬(sauce choron)
098 紅酒醬(marchand de vin)
099 松露番茄醋汁
100 菊苣泡菜與榛果醬汁
101 洛神花泡沫
102 燈籠果醬
103 越南風味番茄醬
104 紅色蘿蔔醬汁
105 味噌濃湯醬(bisque sauce)
106 燉蔬菜冰淇淋(ratatouille glacée)
107 法式酸辣醬(ravigote)
108 稻桿燻番茄與喀什米爾辣椒的阿查醬
—
料理應用 >>>
—
110 半熟明蝦佐胡蘿蔔千層、番茄果凍和青蘋果
111 比目魚與墨西哥胡椒葉 發酵番茄的
檸汁醃生魚(Aguachile)
112 烤藍龍蝦佐乳化醬汁及蘑菇
113 酥皮烤鱸魚佐修隆醬
114 鯛魚佐扇貝和雪蟹慕斯
115 龍蝦、李子、和牛生火腿佐魚子醬和海膽,
以及大黃和番茄慕斯,以洛神花點綴
116 羊肋排配越南番茄醬
117 鮪魚 × 柳橙 × 燉蔬菜(ratatouille)

chapter 5 | 淡褐色醬汁

—

120 朝鮮薊醬汁
121 蛤蜊高湯醬汁
122 馬頭魚高湯醬汁
123 鮎魚醬
124 香草醋汁
125 牛肉清湯和低脂酪乳泡沫醬汁
126 濃縮牡蠣風味調味醬
127 石狗公醬汁
128 橄欖油和辣椒醬
129 蘑菇煮汁
130 魚子醬的奶油白酒醬汁(beurre blanc sauce)
131 焦化奶油醬
132 檸檬葉風味的羊肉汁
133 鼠尾草馬德拉醬
134 阿爾布費拉醬(sauce Albuféra)

135 苦艾酒醬汁 茴香酒增香
136 血醬汁（sauce au sang）
137 索甸甜白酒醬（sauce Sauternes）
138 龍蝦醬汁（sauce bisque）
139 蛋黃醬（美乃滋）
140 馬賽魚湯醬汁（bouillabaisse sauce）
141 焦化奶油醬汁（beurre noisette sauce）
142 布列斯雞與龍蝦醬汁
143 曼薩尼利亞雪利酒的奶油白酒醬汁
（sauce beurre blanc au xérès Manzanilla）
144 茗荷與奧勒岡醬汁
145 馬爾地夫魚和茉莉香米湯
146 兔肉醬汁（lapin sauce）
147 山葵葉的白酒奶油醬汁
—
料理應用 ›››
—
149 藤本先生的石斑魚配朝鮮薊和夏季蘑菇燉菜
150 鎌倉蔬菜沙拉
151 鄉間的禮物
152 聖萊熱（Saint Léger）烤鴿肉
153 水煮龍蝦 炒菠菜
154 酥皮龍蝦佐奶油白酒醬汁
155 麵皮封牡蠣
156 鰈魚和米片魚鱗造型 馬爾地夫魚和茉莉米湯
157 寒鰆魚 西京味噌和山葵

chapter 6 | 深褐色醬汁
—
160 加了赤味噌的香菇碎（duxelle）
161 紅酒醬汁
162 紅酒與蘋果醬汁
163 星鰻精華醬汁
164 鵪鶉醬汁
165 柿子醬汁 蘭姆酒和角豆風味
166 乾燥蔬菜和鮪魚柴魚醬汁
167 季節蔬菜的摩爾醬（sauce mole）
168 蘑菇和堅果雪利醋醬汁
169 加入肝臟奶油的鴨汁
170 咖啡康普茶醬汁
171 焦糖洋蔥汁、焦化奶油（beurre noisette）
172 焦糖鳳梨與長胡椒醬汁
173 棕色焦化奶油醬汁
174 牛蒡香氣的珠雞醬汁
175 牛蒡醬汁
176 雪利酒醋與葡萄乾的酸甜醬
177 雪利酒醋醬汁
178 自製肉醬和黑蒜、雞湯醬汁
179 雞汁（jus de volaille）
180 焦化蔬菜醬汁
181 魚醬和柚子胡椒醬汁
182 紅酒醬汁
183 薩米斯醬汁（sauce salmis）
184 薩米斯醬汁
185 波特酒醬汁
186 波爾多醬（sauce Bordelaise）
187 豆鼓和米糠漬魚醬
188 鴿內臟醬汁
189 焦化奶油牛肝蕈醬汁
190 豬頭肉凍（fondant）
191 豬肉醬汁
192 水果阿查醬（fruit achar）
193 牛肝蕈醬汁
194 烤茄子泥
195 梭子蟹的亞美利凱努醬（sauce américaine）
196 稻稈風味醬汁
—
料理應用 ›››
—
198 赤味噌香菇碎、帶有朴葉香氣的烤尾長鴨腿肉和
香菇餡餅，搭配肝臟奶油鴨汁
199 鵪鶉

200 銀鴨 鮪
201 季節蔬菜的摩爾醬和黑米脆片
202 蝦夷鹿・下仁田蔥・山椒
203 米麴發酵白黴玉米餅、魚子醬與咖啡康普茶
204 珠雞・牛蒡
205 稻稈燻鴨、牛蒡醬汁、舞茸、蔥、青柚子
206 金目鯛 × 西瓜 × 焦化蔬菜醬汁
207 網捕綠頭鴨 燒烤 薩米斯醬汁
208 炭烤鹿肉(Sekuwa)
209 毛蟹和梭子蟹

chapter 7 | 灰色與黑色的醬汁

—

212 鮎魚肝醬
213 鮎魚醬
214 鮑魚肝醬
215 鯷魚醬
216 松露醋醬
217 黑芝麻、亞麻籽、杏仁的阿查醬(achar)
218 黑松露醬汁
219 乳鴿的皇家醬汁(sauce royale)
220 蠑螺肝醬汁
221 蠑螺醬汁
222 甲魚肉醬(ragu)
223 辣椒阿查醬
224 鴿子與烏賊墨醬
225 馬賽魚湯醬汁(Bouillabaisse)

—

料理應用 >>>

—

227 鮎魚 黑松露
228 皇家風乳鴿
229 鰻 燻製豆腐
230 稻稈燻製的鰹魚、蠑螺醬、烤茄子和海蓬子
231 旺代產烤鴿

232 依醬汁種類索引
235 依主廚索引

—

237 25位主廚簡介

本書使用說明

—

* 本書中介紹的所有醬汁食譜均是易於烹調的分量。

* 材料、分量和烹煮時間僅供參考,因製作量、使用材料和廚房環境的不同,味道和狀態可能會有所差異。請根據需要的分量和口味進行調整。

*「料理應用」爲醬汁提供了易於搭配的製作方式、材料以及參考菜名。對於搭配了食譜照片的醬汁,同時註明了相關頁碼。

* 在書末的「醬汁種類索引」提供了依醬汁類型(例如醋、油、乳製品、高湯等)的索引。

* E.V.橄欖油指的是特級初榨橄欖油。

* 除非有特別說明,否則使用無鹽奶油。

* 本書以2018年10月和2022年3月刊登於《月刊專門料理》的25位主廚和151種醬汁及食譜重新編輯而成。

chapter 1

白色醬汁

稻稈醬汁

將烤好的稻稈香氣融入洋蔥中，賦予獨特香氣與濃郁的風味。

料理主廚

加藤順一 | Restaurant L'ARGENT ラルジャン

料理應用

島田產洋蔥・稻稈 [p. 027]

乳製品　肉　其他

| 材料 |

洋蔥 … 100g
奶油 … 20g＋25g
牛奶 … 250g
雞肉高湯（bouillon de volaille）*1
… 250g
烤稻稈*2 … 50g
鹽 … 10g

*1— 將雞翅和香味蔬菜（mirepoix）加水煮4小時，過濾後的高湯。
*2— 將稻稈在150°C的烤箱中烤30分鐘。

| 作法 |

01 … 將洋蔥切成薄片，用20g奶油炒至微微金黃色，加入牛奶和雞肉高湯，煮至洋蔥完全軟化。
02 … 將01倒入食物料理機中攪打均勻。
03 … 將攪拌好的混合物倒入鍋中加熱，加入烤好的稻稈，蓋上鍋蓋，熄火。靜置30分鐘。
04 … 將03過濾後再次加熱，加入25g奶油和鹽調味。用手持均質機攪打至泡沫狀。

茴香醬汁

利用與其香味相似的茴香酒（Pernod）調味茴香，再製成泥狀。

料理主廚

篠原和夫 ｜ Restrant Kazu レストラン カズ

料理應用

茴香・比目魚・烏魚子 [p. 028]

蔬菜　酒精

｜材料｜

茴香 … 1株
奶油 … 適量
茴香酒（Pernod）… 400mL
苦艾酒（vermouth,Noilly prat）
　… 400mL
鹽 … 適量
增稠劑（Sosa黃原膠xantana）
　… 1小匙

｜作法｜

01 … 將茴香的鱗莖切薄片，用奶油炒至微黃。

02 … 炒至軟爛的茴香加入茴香酒和苦艾酒，煮至液體減少爲原來的1/4。

03 … 加入鹽調味，用手持均質機打成泥狀。

04 … 在03加入增稠劑並混合均勻。

毛豆泡沫

煮沸的毛豆湯汁中加入豆莢，以濃縮風味。

料理主廚

高木和也｜ ars アルス

料理應用

～夏日香氣～ 淺野Eco Farm和高農園的蔬菜［p. 029］

蔬菜

｜材料｜

水 … 200mL
鹽 … 5g
毛豆 … 50g
浸泡用的鹽水（鹽分濃度3%）… 適量

｜作法｜

01 … 在水中加入鹽煮沸。將毛豆帶莢煮熟。保留煮毛豆的湯汁。

02 … 將毛豆從莢中取出，浸泡在鹽水中。

03 … 將02的毛豆莢放回01的煮汁中，加蓋加熱。待毛豆莢的香氣轉移到煮汁後，過濾。

04 … 把03的煮汁和02的毛豆放入食物料理機中攪打均勻。

05 … 供應前，使用手持均質機將04的混合物攪打至泡沫狀。

牡蠣精華泡沫（espuma）

將牡蠣汁的鮮美，原汁原味地呈現。

料理主廚

石崎優磨 | Yumanité ユマニテ

料理應用

燙煮牡蠣及精華泡沫，佐萊姆蛋白餅和薄荷油 [p. 030]

海鮮

| 材料 |

牡蠣的煮汁* … 500g
吉利丁片 … 7.5g

*— 打開牡蠣殼時殘留的汁液、白酒、百里香、月桂葉、切半的蒜頭、海鹽一同放入鍋中煮沸，將牡蠣放入燙煮後取出，將煮汁迅速冷卻，過濾後使用。

| 作法 |

01 … 將牡蠣的煮汁加熱，加入用水（分量外）泡軟的吉利丁片，加熱溶解。

02 … 將01倒入氮氣瓶中冷藏。供應時擠出即可。

蕪菁醬汁

加熱後的甜味和接近生食的清新感。一道同時享受蕪菁不同風味的菜餚。

料理主廚

岸本直人 | naoto.K

料理應用

炭火烤河豚白子。加入高湯（fond）製成濃湯

蔬菜

| 材料 |

蕪菁 … 5kg
奶油 … 50g
洋蔥 … 1顆
鹽 … 適量

| 作法 |

01 … 一半的蕪菁帶皮切成厚片，另一半去皮後同樣切成厚片。

02 … 在鍋中放入奶油、帶皮的蕪菁片和洋蔥片，撒上鹽，蓋上蓋子，以小火加熱，用蕪菁和洋蔥釋放的水分燜煮。

03 … 當蕪菁的皮變軟時，加入去皮的蕪菁片混合，再次加蓋，偶爾攪拌，再加熱約15分鐘，撒鹽。當蕪菁的清新風味仍然保留時，離火。

04 … 將03放入Pacojet的專用容器中快速冷凍，按需要量使用Pacojet調理機攪拌、再加溫。如果需要，可用少量的鮮奶油和牛奶（均分量外）調整濃度。

松露鮮奶油

這是一款混合了松露的打發鮮奶油，具有奢華的香氣和濃郁風味的「提味神器」。

料理主廚

江見常幸｜ Espice エスピス

料理應用

搭配不含奶油和松露的阿爾布費拉醬（sauce Albuféra）［p. 134］，一起用於烤珠雞。

乳製品

｜材料｜

鮮奶油（乳脂肪35%）… 適量
雪莉酒醋 … 適量
四香粉（quatre epice）… 適量
黑松露 … 適量

｜作法｜

01 … 將鮮奶油打至八分發。

02 … 加入雪莉酒醋、四香粉和切碎的黑松露，輕輕混合即可。

燻製豆腐白和

蠑螺肉和鰻魚內臟配上煙燻豆腐混合製成。

料理主廚

葛原将季 | Reminiscence レミニセンス

料理應用

鰻魚 燻製豆腐 [p. 229]

其他

| 材料 |

豆腐 … 100g
蠑螺（turbo sazae）… 20g
白芝麻醬 … 30g
白葡萄酒醋 … 15mL
鹽 … 適量
鰻魚內臟* … 適量

*— 將鰻魚內臟串起來，用炭火烤熟。

| 作法 |

01 … 將豆腐用廚房紙巾包好，上面放重物，靜置約20分鐘，將水分排出。

02 … 在鍋底放置櫻木屑（分量外），點火加熱。在耐熱容器中放入處理過的豆腐，蓋上鍋蓋，讓豆腐吸收燻香。

03 … 使用旺盛的炭火將蠑螺連殼加熱，取出螺肉和肝，將肝保留（可用於p.220「蠑螺肝醬汁」）。

04 … 在研缽中加入02的豆腐、白芝麻醬、白葡萄酒醋和鹽，用杵搗碎混合。

05 … 將03粗略切碎的蠑螺肉和鰻魚內臟加入04，避免搗碎的輕輕混合。

茉莉香米醬汁

這款醬汁以粥爲靈感，將米飯與貝類高湯、芫荽根和香草一同烹煮。

料理主廚

內藤千博 | Ăn Đi

料理應用

炭火烤珠雞 佐茉莉香米醬汁和醃漬辣椒

[p. 031]

海鮮 香草

| 材料 |

A（使用100g＋α）

- 扇貝裙邊 … 500g
- 橄欖油 … 適量
- 白葡萄酒 … 100g
- 檸檬（切片）… 1/2個
- 切剩的香草 … 適量
- 鹽 … 適量
- 水 … 適量

茉莉香米 … 100g

芫荽根 … 1株

香茅（lemongrass）… 適量

檸檬葉（kaffir lime）… 2片

水 … 適量

魚露 … 適量

| 作法 |

01 … 將A的扇貝裙邊用鹽搓揉後，用水洗淨，然後用橄欖油炒香。炒時讓扇貝裙邊釋出的水分蒸發，去除腥味。

02 … 在01中加入白葡萄酒、檸檬、切剩的香草、鹽和適量的水，煮20～30分鐘後過濾。

03 … 將茉莉香米稍微用水沖洗一下，然後與同量的02湯汁一起放入鍋中，再加入芫荽根、香茅和檸檬葉一起煮。

04 … 將03中的香草類取出，其餘放入食物料理機中。根據鹹度需求，適量加入02的湯汁和水，攪拌均勻。最後用魚露調味。

沙克卡姆

這是一款由優格和牛奶製作的新鮮起司，加入香味蔬菜和檸檬製成的醬汁。

料理主廚

本田 遼 | OLD NEPAL オールド ネパール

料理應用

尼泊爾餃Sha phaley [p. 032]

乳製品

| 材料 |

A（數字爲比例）
- 牛奶和優格的固體*1 … 2
- 牛奶和優格的液體*2 … 1

大蒜 … A重量的1%
薑 … A重量的1%
檸檬汁 … A重量的4%
鹽 … A重量的2%

*1、2— 將牛奶和優格以1：1的比例混合，加熱至沸騰。分離後過濾，將固體和液體分開備用。

| 作法 |

01 … 將A的材料混合。

02 … 將01的混合物與其他所有材料一起放入食物料理機中，攪拌成糊狀。

03 … 冷卻後會變硬，供應前放置於溫暖的地方，保持稍微稀一點的狀態。

乳酪醬汁

這款泡沫醬汁以蛤蜊的鮮味支撐金山乳酪（Mon d'Or）的濃郁口感，並具有輕盈的泡沫質地。

料理主廚

後藤祐輔 | AMOUR アムール

料理應用

奶油煎 (meunière) 龍蝦與白子

海鮮　乳製品

| 材料 |

蛤蜊高湯*1 … 40g
鮮奶油（乳脂肪40%）… 140g
金山乳酪（Mon d'Or）*2 … 100g
鹽 … 適量

＊1— 將蛤蜊和利尻昆布放入鍋中，加入足夠的水覆蓋，煮至85°C。保持此溫度煮1小時，然後過濾。
＊2— 金山乳酪是一種在法國和瑞士生產的洗浸乳酪，具有柔軟的質地和濃郁的風味。

| 作法 |

01 … 在鍋中混合蛤蜊高湯、鮮奶油和金山乳酪，加熱並攪拌均勻。

02 … 加入適量的鹽調味，然後用手持均質機將其打成泡沫狀。

白色番茄醬汁

享受濃郁番茄風味與純白色澤的對比。

料理主廚

篠原和夫 | Restrant Kazu レストラン カズ

料理應用

適用於一般魚料理、甲殼類料理

蔬菜　乳製品

| 材料 |

番茄（福岡縣北九州產「若松番茄」）
…適量
玉米澱粉…適量
鮮奶油（乳脂肪45%）…適量
鹽…適量

| 作法 |

01…將番茄汆燙後去皮、去籽，僅留果肉，用手持均質機攪打成泥。
02…用紙巾過濾01的番茄泥，取其透明果汁。
03…將02的透明果汁加熱，並用玉米澱粉增稠。
04…在03中加入等量的鮮奶油，混合均勻使其乳化。用鹽調味即可。

雞節和魚湯精華 椰奶 檸檬葉

雞肉與海鮮的鮮味層疊，搭配亞洲香草的甜美清新香氣。

料理主廚

今橋英明 | Restaurant L'aube レストランローブ

料理應用

烤紅鯔魚

肉　海鮮　香草

| 材料 |

雞節高湯（使用500mL）

- 水 … 3kg
- 雞節* … 150g
- 粗鹽 … 24g（約水量的0.8%）
- 魚高湯（fumet de poisson）… 3L

完成

- 椰奶 … 100mL
- 鮮奶油（乳脂肪35%）… 30mL
- 檸檬葉（kaffir lime）… 適量

*— 雞節就像鰹節一樣，是用雞肉加工刨片而成。口感清爽而濃郁，雞節濃縮了豐富的鮮味成分「肌苷酸」和「谷氨酸」。將雞肉加工成雞節，可以保留雞肉的豐富鮮味。

| 作法 |

01 … 製作雞節高湯：將水倒入鍋中煮沸，加入雞節和粗鹽，蓋上鍋蓋，小火煮約35分鐘。

02 … 熄火後靜置15分鐘，用濾紙過濾。

03 … 在鍋中加入02的雞節高湯和魚高湯，煮至味道濃縮。

04 … 在鍋中加入03的500mL高湯、椰奶和鮮奶油，加熱。

05 … 當04煮沸後，熄火，待溫度降至約90℃時，加入搗碎的檸檬葉，蓋上鍋蓋靜置約1小時，讓香味充分融合。

06 … 過濾05。供應時，用手持均質機攪打至泡沫狀。

乳清白醬汁

以大量優格與乳清結合，增添清爽的酸味。

料理主廚

田熊一衛 | L'éclaireur レクレルール

料理應用

柴燒嘉鱲魚佐貝夏美醬 (sauce béchamel)

乳製品 酒精

| 材料 |

紅蔥頭(shallot)… 18g
鹽 … 適量
胡椒 … 適量
白葡萄酒 … 130g
鮮奶油(佐賀縣・村山牛乳製)
… 210g
乳清 … 適量
發酵奶油 … 60g
優格(充分瀝乾)… 340g

| 作法 |

01 … 鍋中熱油(分量外)，炒香切碎的紅蔥頭，加入鹽和胡椒。

02 … 倒入白葡萄酒，煮至液體收乾。

03 … 在02加入鮮奶油，再次稍微煮至濃縮。加入乳清，同時調味煮至濃稠。

04 … 加入發酵奶油，使用攪拌器混合均匀。在即將完成時加入優格，再以鹽和胡椒調味。

淡菜醬汁

蒸淡菜的鮮美湯汁佐上魚高湯，以脂肪增添濃郁風味。

料理主廚

相原 薫 | Simplicité サンプリシテ

料理應用

淡菜、巴西利 [p. 033]

海鮮　乳製品

| 材料 |

淡菜蒸煮湯汁 … 100mL
奶油 … 30g
鮮奶油（乳脂肪38%）… 80mL
魚高湯（fumet de poisson）… 100mL

| 作法 |

01 … 在鍋中加入淡菜蒸煮湯汁、奶油、鮮奶油和魚高湯，加熱。

02 … 在即將上桌前使用手持均質機打發成泡沫狀。

優格冰粉

將帶有茴香酒風味的優格醬汁，轉變成在口中瞬間融化的冰粉。

料理主廚

石崎優磨 ｜ Humanité ユマニテ

料理應用

燙煮牡蠣及精華泡沫，佐萊姆蛋白餅和薄荷油

〔p. 030〕

乳製品

｜**材料**｜

優格（瀝乾）… 300g
鮮奶油（乳脂肪47%）… 100g
茴香酒（Pernod）… 少許
吉利丁片 … 3g

｜**作法**｜

01 … 將優格、鮮奶油、茴香酒和已泡水（分量外）還原並溶化的吉利丁片混合。

02 … 將混合物倒入氣瓶中，塡入氣體後放入冰箱冷藏。

03 … 將02擠入裝有液態氮的專用碗中，用打蛋器攪拌直到成爲粉狀。

竹筍泥

以牛肉清湯煮軟的綠竹筍製成泥，帶來清爽的風味。

料理主廚

葛原将季 | Reminiscence レミニセンス

料理應用

甲魚燉肉鑲竹筍

蔬菜　肉

| 材料 |

橄欖油 … 適量
辣椒 … 1根
竹筍 … 2kg
牛肉清湯（consommé）… 適量
鹽 … 適量

| 作法 |

01 … 在加入橄欖油和辣椒的水（分量外）中煮竹筍。
02 … 用牛肉清湯（省略解說）煮至竹筍軟化。
03 … 用食物料理機將煮好的竹筍打成泥狀，以鹽調味。

料理應用 》》

島田產洋蔥　稻稈

料理主廚

加藤順一 | Restaurant L'ARGENT ラルジャン

使用醬汁

稻稈醬汁 [p. 010]

用烤過的稻稈包裹整個洋蔥，再用錫箔紙包好，放入200℃的烤箱中烤1小時。經過這樣的烹調，洋蔥變得多汁且甜味濃郁，同時帶有燻香，盡管烹調方法極為簡單，味道卻深邃。首先以整個洋蔥的形式呈現，讓客人欣賞其香氣和外觀，然後切開炙烤表面，搭配魚子醬和碗豆嬰。最後，將炒過的洋蔥用牛奶和雞高湯（bouillon de volaille）煮至濃稠，倒入烤過的稻稈中，以泡沫狀的醬汁豐富地淋在客人面前，呈現出香氣濃郁的一道菜餚。

茴香・
比目魚・
烏魚子

料理主廚

篠原和夫 | Restrant Kazu レストラン カズ

使用醬汁

茴香醬汁 [p. 011]

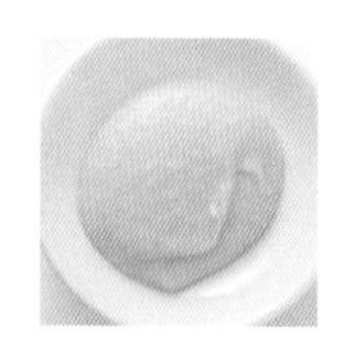

使用帶有茴香(anise)香氣的茴香酒(Pernod)製成泥狀醬汁。這個泥狀醬汁具有獨特的甜香，與比目魚相得益彰，透露出強烈的風味和甜味。我們還加入了自製厚切帶有茴香酒風味的烏魚子。搭配用茴香酒浸泡的茴香沙拉、文旦果肉、切碎的鹽漬檸檬和糖漬薑。使這道菜帶有輕爽的口感、清新的酸味和香氣，呈現出豐富多樣的風味。

～夏日香氣～
淺野Eco Farm和
高農園的蔬菜

料理主廚

高木和也｜ ars アルス

使用醬汁

毛豆泡沫 [p. 012]

牛肉清湯凍 [p. 062]

從千葉縣的淺野Eco Farm，和石川縣能登半島的高農園直送而來，大約20種當季蔬菜，以"夏天的香氣"爲主題，擺盤成爲一道開胃前菜。這些蔬菜經過不同的處理方式，包括煮、烤、炒、生吃等，並以核桃油醋醬調味，搭配從毛豆中萃取出的泡沫和由牛肉熬製的清湯凍，作爲醬汁一同搭配。透過毛豆泡沫突顯蔬菜的綠色香氣，同時以牛肉清湯凍賦予深遠的餘韻，使得這道僅由蔬菜組成的菜餚展現出豐富的層次和風味。

燙煮牡蠣及
精華泡沫
佐萊姆蛋白餅和
薄荷油

料理主廚

石崎優磨 | Yumanité ユマニテ

使用醬汁

牡蠣精華泡沫 (espuma) [p. 013]

優格冰粉 [p. 024]

薄荷油 [p. 049]

將牡蠣迅速燙熟後，將殼中累積的湯汁與牡蠣一同搭配，作爲"醬汁"的3個元素包括牡蠣的精華(燙煮湯汁)泡沫、優格冰粉、薄荷油。根據石崎主廚的說法，這3個要素是"風味、乳脂肪、油脂"。除此之外，還有萊姆風味的蛋白餅、快速汆燙後捲成圓形的薄片黃瓜卷，黃瓜凍、薄荷風味的美乃滋等層層堆疊，打造出多樣的風味和口感組合。此外，石崎主廚還表示:「牡蠣本身就像一種充滿風味的醬汁。可以說是眞正的"牡蠣醬汁"」。

炭火烤珠雞
佐茉莉香米醬汁和
醃漬辣椒

料理主廚

內藤千博 | Ăn Đi

使用醬汁

茉莉香米醬汁 [p. 017]

甜辣醬 [p. 065]

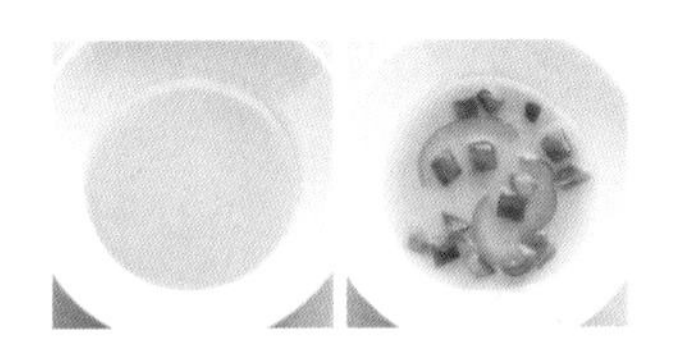

將東南亞流行的「海南雞飯」改爲肉料理。將雞肉替換爲珠雞，先在70℃的烤箱中加熱，然後在炭火上燒烤，使得雞皮香脆而肉質濕潤，直接傳遞肉的美味。另一方面，搭配肉的茉莉香米，以當地粥的印象來烹調，加入貝類高湯、香菜根和香草調製成醬汁。此外，海南雞飯的標誌性辣椒醬，使用仿製的發酵墨西哥辣椒（Jalapeño），展現辣味和風味。還有用馬告磨成清新香氣的5種胡蘿蔔沙拉、香菜葉和西洋菜等作爲陪襯。「口中迸發的香草香氣，是醬汁和食材的結合，也是料理中不可或缺的關鍵。」（內藤主廚）。

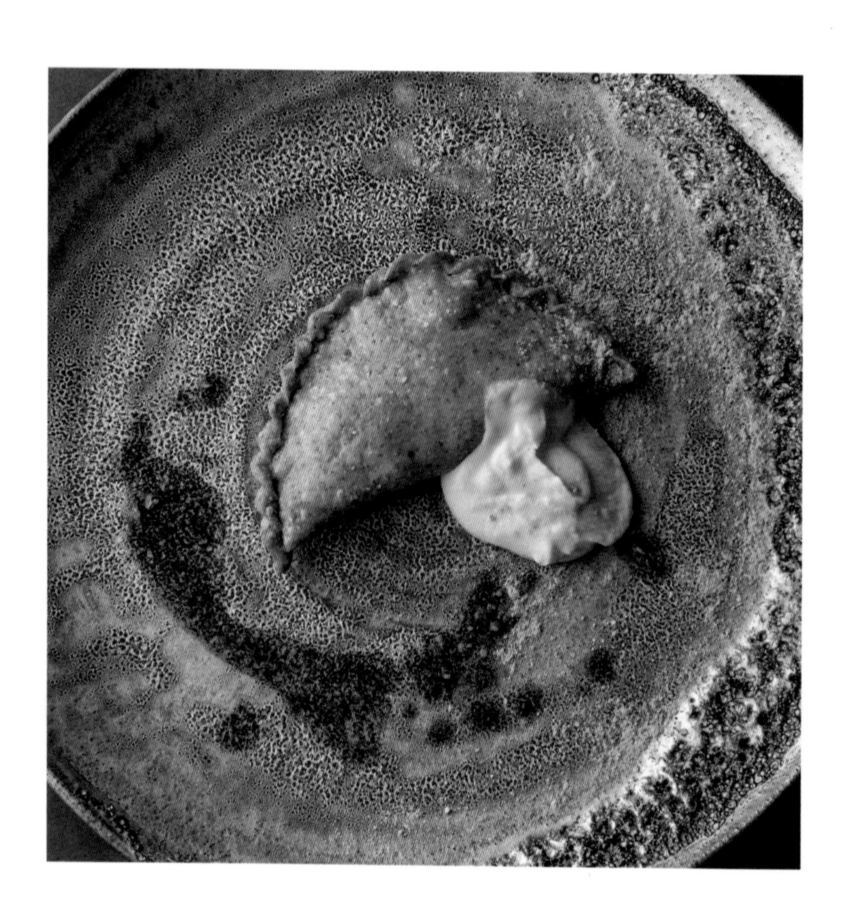

尼泊爾餃 Sha phaley

料理主廚

本田 遼 | OLD NEPAL オールド ネパール

使用醬汁

沙克卡姆 [p. 018]

辣椒阿查醬 [p. 223]

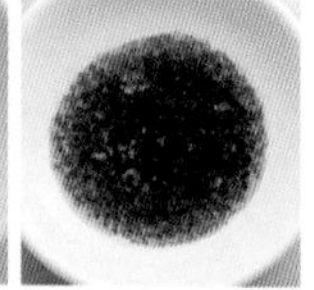

肉餡包裹在麵團中油炸的料理，稱爲Sha phaley。在藏語中，Sha指的是肉，phaley指的是麵包，常見於當地的攤販，可以說是一種炸餃子。這裡，使用水牛肉搭配洋蔥、高麗菜和香料，包裹在全麥麵團中。搭配的醬汁是沙克卡姆，以及烤辣椒、油漬辣椒阿查醬（chili achar）。沙克卡姆是一種使用製作世界上最硬的起司Chhurpi過程中產生的新鮮起司，本田主廚使用優格和牛奶加熱後，將固體物質和水分分離，並添加了香料蔬菜和檸檬汁等。其清新的酸味和香氣搭配上辛辣的辣椒阿查醬，並以柑橘粉增添甜酸風味。

淡菜、巴西利

料理主廚

相原 薫 | Simplicité サンプリシテ

使用醬汁

淡菜醬汁 [p. 023]

相原主廚在法國學習時期所熟悉的前菜，使用了大量法國聖米歇爾（Saint-Michel）產的淡菜。淡菜以簡單的白葡萄酒蒸煮，搭配增添清爽感的巴西利馬鈴薯泥。醬汁由淡菜的蒸煮汁與以比目魚製成的清澈魚高湯（fumet de poisson）混合，加入奶油和鮮奶油增添濃郁口感。大量使用的同時，爲了保持輕盈和細膩的印象，特別在倒入之前充分打成泡沫狀。

chapter 2

綠色醬汁

奧科帕醬汁

結合了安第斯草本植物「瓦卡泰 hucacatay」的清爽感和獨特的苦澀味，再加上辛辣與鮮美的風味。

料理主廚

仲村渠 Bruno ｜ bépocah ベポカ

料理應用

奧科帕 ocopa [p. 052]

甲殼類　乳製品　香料

｜材料｜

蝦頭 … 20g
洋蔥 … 40g
大蒜 … 25g
黃辣椒（Aji amarillo）*1 … 1個
烤過的花生 … 10g
瓦卡泰（hucacatay）*2 … 40g
沙拉油 … 30g
牛奶 … 50g
菲達起司（feta cheese）… 40g
鹽 … 適量
胡椒 … 適量

*1— 在秘魯等安第斯地區常用的黃色辣椒。
*2— 一種在安第斯地區作為草本植物使用的菊科植物。

｜作法｜

01 … 將蝦頭壓碎，炒至酥脆。
02 … 加入切成適當大小的洋蔥、大蒜和黃辣椒，一起炒。
03 … 加入烤過的花生繼續炒，最後加入瓦卡泰稍微炒一下。
04 … 將以上混合物移到食物料理機中，加入沙拉油和牛奶，打成糊狀。
05 … 加入菲達起司繼續攪打，如果水分不足可以適量再加一些牛奶（分量外）。最後用適量的鹽和胡椒調味即可。

蕪菁白酒醬汁

這道醬汁結合了白酒醬與小蕪菁葉的泥，呈現出輕盈且現代的風味。

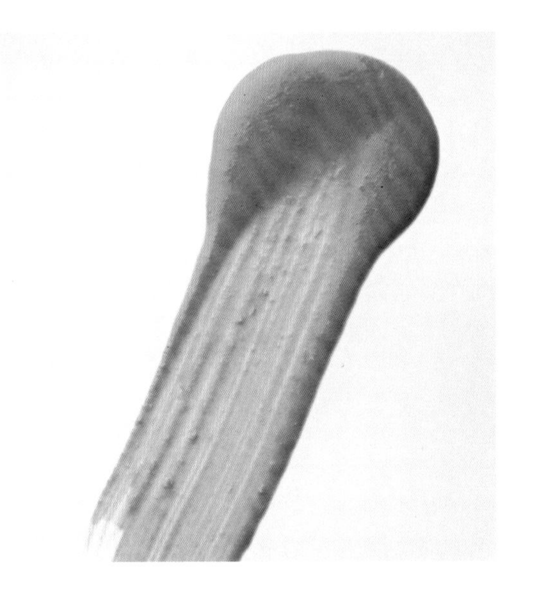

料理主廚

植木将仁 ｜ AZUR et MASA UEKI

料理應用

秋風的引誘 [p. 053]

蔬菜　酒精　乳製品

｜材料｜

蘑菇 … 40g
特級初榨橄欖油 … 適量
紅蔥頭 … 20g
白酒 … 60mL
鮮奶油（乳脂肪35%）… 120mL
鹽 … 適量
胡椒 … 適量
小蕪菁葉 … 30g

｜作法｜

01 … 在鍋中放置煙燻木（山核桃木hickory分量外），點火後放上網架，將切片的蘑菇排在上面。冒煙後蓋上鍋蓋，燻製約15分鐘。

02 … 在平底鍋中加熱特級初榨橄欖油，加入切碎的紅蔥頭炒香，接著放入燻製過的蘑菇稍微炒一下。

03 … 將白酒倒入鍋中溶出鍋底精華（déglacer），然後加入鮮奶油，煮至液體減少剩2/3。用鹽和胡椒調味後過濾。

04 … 將小蕪菁葉煮熟，趁熱用手持均質機打成泥，倒入碗中。碗下墊冰水冷卻並固定顏色。

05 … 將03和04的材料放入鍋中，用小火加熱同時混合均勻。

黃瓜青檸醬汁

綠色蔬菜和水果結合的清爽醬汁。

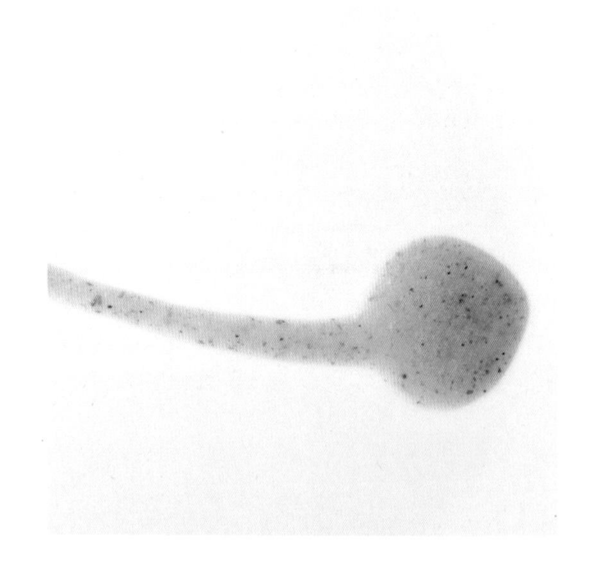

料理主廚

佐々木直步 | recte レクテ

料理應用

今治產鯧魚，稻稈香 夏季蔬菜 [p. 054]

蔬菜 水果

| 材料 |

小黃瓜 … 200g
綠檸檬（帶皮）… 適量
青蘋果泥（冷凍）… 適量
奇異果 … 適量

| 作法 |

01 … 將小黃瓜切成適當大小，與綠檸檬一起放入食物料理機中攪打。

02 … 在01中加入青蘋果泥和去皮切成適當大小的奇異果，再次攪打並調整味道，最後過濾。

綠辣椒阿查醬(chili achar)

以綠辣椒、青椒、大蒜和檸檬汁製成清爽的綠辣椒醬。

料理主廚

本田 遼 | OLD NEPAL オールド ネパール

料理應用

鹿肉Sekuwa [p. 208]

蔬菜 香料

| 材料 |

A(數字爲比例)
- 青椒 … 3
- 青辣椒 … 1

大蒜 … A 重量的 0.5%
薑 … A 重量的 0.5%
鹽 … A 重量的 1.5 ~ 2%
檸檬汁 … A 重量的 2%

| 作法 |

01 … 將青椒和青辣椒按比例混合。

02 … 將大蒜、薑、鹽和檸檬汁加入 01 中,使用食物處理機攪打。

香草庫利(coulis)

簡單汆燙的香草醬，風味輪廓鮮明。

料理主廚

JP Kawai | AMPHYCLES アンフィクレス

料理應用

海鮮和白肉料理

油 香草

| 材料 |

細香蔥(ciboulette)⋯ 30g
巴西利(parsley)⋯ 50g
龍蒿(estragon)⋯ 20g
奧勒岡(oregano)⋯ 20g
大蒜 ⋯ 1g
橄欖油 ⋯ 300mL
鹽 ⋯ 4g

| 作法 |

01 ⋯ 將細香蔥、巴西利、龍蒿和奧勒岡稍微汆燙後瀝乾。
02 ⋯ 將汆燙過的01和其他所有材料一起放入食物料理機中，攪打至順滑。

生菜和蓼的泥

清爽顏色鮮艷的醬汁，使用蛤蜊高湯增添鮮味。

料理主廚

葛原将季 | Reminiscence レミニセンス

料理應用

鮎魚 黑松露 [p. 227]

蔬菜 海鮮

| 材料 |

萵苣葉 … 30g
蓼葉 … 30g
蛤蜊高湯 … 15mL
增稠劑（Sosa 黃原膠 xantana）… 適量

| 作法 |

01 … 將萵苣葉和蓼葉稍微汆燙後放入冰水中冰鎮以保持顏色。

02 … 將汆燙後的 01 放入 Pacojet 專用容器中冷凍。

03 … 將冷凍後的 02 用 Pacojet 攪打後過篩。

04 … 在蛤蜊高湯中加入適量增稠劑使其變稠，再與 03 的混合物攪拌均勻。

紫蘇醬汁

以真空烹調法萃取紫蘇的香味，製成青醬（Genovese）。

料理主廚

郡司一磨 ｜ Saucer ソーセ

料理應用

海鮮燉飯等

蔬菜 海鮮

｜材料｜

紫蘇葉（大葉）⋯ 100g
大蒜 ⋯ 5g
松子 ⋯ 10g
鹽 ⋯ 1.5g
太白芝麻油 ⋯ 適量
蛤蜊高湯 ⋯ 100g
奶油 ⋯ 30g

｜作法｜

01 ⋯ 將紫蘇葉放入真空袋中，抽真空後用低溫水浴加熱。

02 ⋯ 將加熱後的01紫蘇葉、大蒜、烤過的松子、鹽和適量太白芝麻油放入食物料理機中攪打均勻。然後冷藏保存。

03 ⋯ 在上菜前，將蛤蜊高湯（省略解說）加熱，並加入奶油攪拌融化，然後加入02混合均勻。

蓼葉醬汁

保留了蓼葉苦味和酸味的綠色美乃滋。

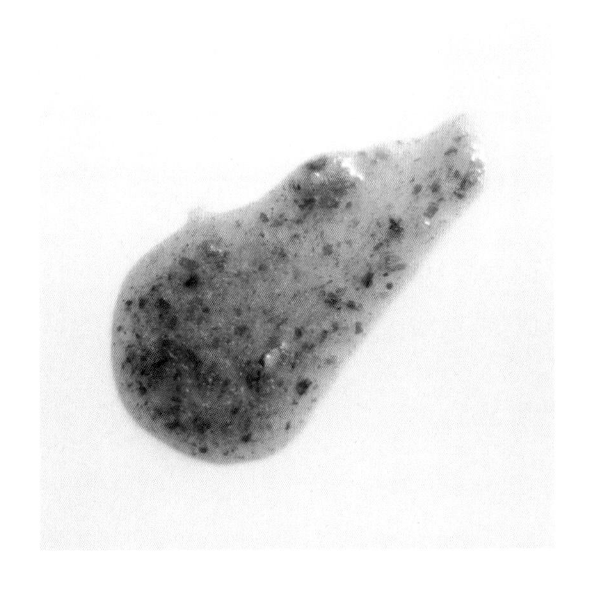

料理主廚

葛原将季 | Reminiscence レミニセンス

料理應用

鮎魚 黑松露 [p. 227]

蛋黃 油 蔬菜

| 材料 |

蛋黃 … 50g
特級初榨橄欖油 … 50g
鹽 … 3g
蓼葉 … 20g

| 作法 |

01 … 將所有材料放入碗中。
02 … 用手持均質機攪打至乳化。

冬瓜庫利

以帶有扇貝高湯的貝柱，用橄欖油增添豐富的滋味。

料理主廚

飯塚隆太｜Restaurant Ryuzu レストランリューズ

料理應用

海膽豆腐佐酢橘風味的冬瓜庫利 [p. 055]

海鮮　蔬菜

｜材料｜

扇貝高湯的貝柱及其煮汁* … 160g
鹽 … 適量
特級初榨橄欖油 … 16g
青檸汁 … 1/2顆
青檸皮 … 1/2顆

*— 在水中添加雞肉高湯(bouillon de volaille)，加入扇貝的貝柱和巴西利的莖，煮沸30分鐘，然後過濾，即可得到扇貝高湯(scallop fumé)。用扇貝高湯煮削皮並切成小方塊的冬瓜，煮至仍保留口感的狀態。

｜作法｜

01 … 將煮好的扇貝高湯加鹽調味，用粗網目的網篩過濾後冷藏。

02 … 加入特級初榨橄欖油、青檸汁和切碎的青檸皮混合。

羅勒油

將羅勒葉快速炒熟，以顯現其鮮豔的色澤，並浸泡羅勒莖以增強香氣。

料理主廚

石崎優磨 | Yumanité ユマニテ

料理應用

酥皮烤鱸魚佐修隆醬 [p. 113]

香草 油

| 材料 |

羅勒葉 … 200g
葡萄籽油 … 300g
羅勒莖 … 適量

| 作法 |

01 … 用葡萄籽油（分量外）將羅勒葉快速炒熟。
02 … 將炒熟的01羅勒葉和葡萄籽油一起放入食物料理機中攪打。
03 … 將攪打好的02過濾後倒入容器中，浸泡羅勒莖。

發酵番茄和檸檬百里香醬汁

發酵後的清澈番茄汁與清爽香草油的組合。

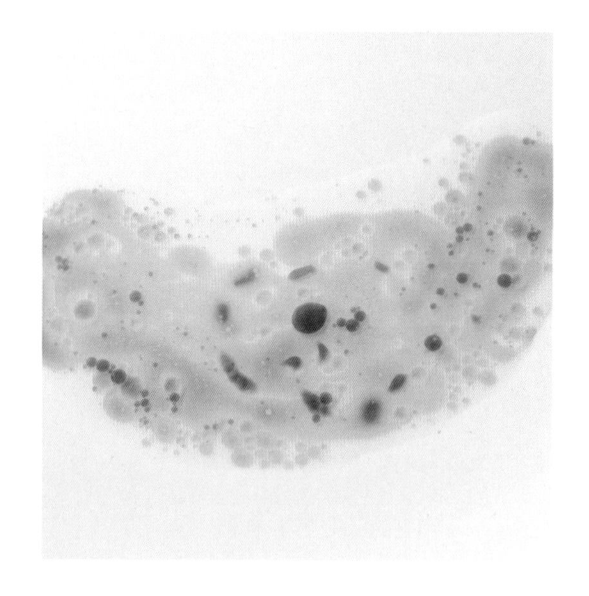

料理主廚

加藤順一 | Restaurant L'ARGENT ラルジャン

料理應用

和歌山縣產扁鰺 發酵番茄 檸檬百里香

[p. 056]

蔬菜 香草 油

| 材料 |

發酵番茄* … 30g
檸檬百里香油 … 5g

*— 去蒂的番茄整顆放入真空保存袋中，與鹽一起封存，抽出約50%的空氣，放置在陰涼處約1週。靜置發酵後用布過濾以確保汁液不混濁。

| 作法 |

01 … 將發酵番茄和檸檬百里香油放入容器中，輕輕搖晃數次使其混合。

韭蔥醬汁

將煮軟的韭蔥打成泥，檸檬的酸味成爲味道的亮點。

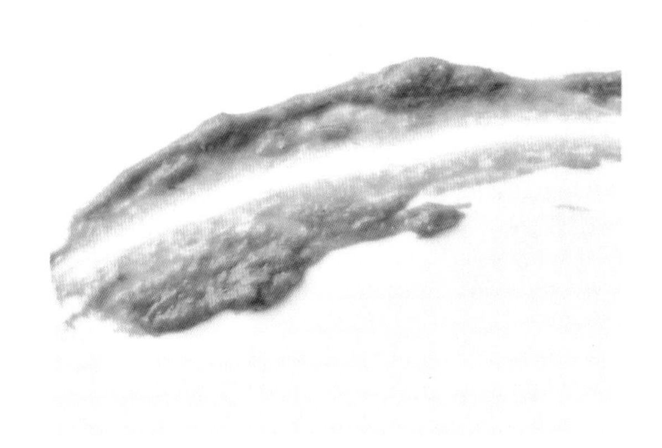

料理主廚

佐々木直歩 | recte レクテ

料理應用

炭烤梅山豬

蔬菜

| 材料 |

韭蔥（綠色部分）… 200g
檸檬汁 … 適量

| 作法 |

01 … 將韭蔥的綠色部分汆燙。
02 … 燙後的01與檸檬汁一起放入食物料理機中打成泥。

萬願寺甜辣椒冷湯醬汁（gazpacho sauce）

將萬願寺甜辣椒與番茄汁一起攪拌，製作成冷湯風味的醬汁。

料理主廚

岸本直人 | naoto.K

料理應用

萬願寺甜辣椒冷湯醬汁 紅魷魚與海膽

[p. 057]

蔬菜

材料

萬願寺辣椒（京都府產萬願寺甘とう）
…100g
番茄精萃（tomato extract）…150g
水…50mL
牛肉清湯（consommé de boeuf）
…30mL
雪莉酒醋（sherry vinegar）…15mL
卡宴辣椒粉…少量
墨西哥辣椒醬（Jalapeño sauce）…數滴
鹽…適量
橄欖油…20mL

作法

01…將萬願寺辣椒放入200℃的米油（分量外）中炸3秒鐘，然後放入冰水。

02…將萬願寺辣椒的皮剝掉，去掉種籽，與番茄精萃（省略解說）、水一起放入食物料理機攪打成黏稠的液體，過濾。

03…將過濾後的液體加入牛肉清湯、雪莉酒醋、卡宴辣椒粉、墨西哥辣椒醬、鹽和橄欖油，混合均勻即可。

薄荷油

將薄荷汆燙以提取美麗的色澤，並且浸泡薄荷莖增強香氣。

料理主廚

石崎優磨 | Yumanité ユマニテ

料理應用

燙煮牡蠣及精華泡沫，佐萊姆蛋白餅和薄荷油 [p. 030]

香草　油

| 材料 |

薄荷葉 … 200g
葡萄籽油 … 500g
薄荷莖 … 適量

| 作法 |

01 … 將薄荷葉汆燙後放入冰水中冷卻。

02 … 將燙過的薄荷葉01擠乾水分，與葡萄籽油一起放入食物料理機中攪打。

03 … 將攪打好的02過濾後倒入容器中，放入薄荷莖浸泡。

芝麻葉阿查醬 (achar of arugula)

將芝麻葉與大蒜、生薑、檸檬汁和油混合，製成顏色鮮豔的醬汁。

料理主廚

本田 遼 | OLD NEPAL オールド ネパール

料理應用

自製肉醬 [p. 178] 炒麵

香草　油

| 材料 |

A (數字爲比例)

- 芝麻葉 … 1
- 葵花籽油 … 2

大蒜 … A重量的1%

薑 … A重量的1%

鹽 … A重量的2%

檸檬汁 … A重量的4%

葵花籽油 … A重量的10%

| 作法 |

01 … 將A的芝麻葉和葵花籽油混合，並用食物料理機攪打混合。

02 … 在01中加入其他食材攪打，再次攪打直到滑順的狀態。

料理應用 >>>

奥科帕 ocopa

料理主廚

仲村渠Bruno | bépocah ベポカ

使用醬汁

奥科帕醬汁 [p. 036]

安地斯山脈是馬鈴薯的故鄉，馬鈴薯在秘魯料理中不可或缺。其中一道料理是將煮熟的馬鈴薯淋上含有安地斯草本植物—瓦卡泰(hucacatay)的奥科帕(ocopa)。這道料理是秘魯的家常菜。奥科帕醬汁中使用了炒得香酥的蝦頭、風味豐富且鮮美的漿果狀辣椒—Ají amarillo，還有起司、烤花生等食材，再混入瓦卡泰，賦予醬汁薄荷般的清爽和青澀的苦味。選用的起司則選擇帶鹽味的菲塔(feta)，擺盤時使用靜岡縣·清水由秘魯兄弟製作的秘魯新鮮起司—Queso fresco)。此外，還搭配紫色美麗的秘魯鹽漬黑橄欖和水煮蛋，以現代風格呈現這道傳統料理。

秋風的引誘

料理主廚

植木将仁 | AZUR et MASA UEKI

使用醬汁

蕪菁白酒醬汁 [p. 037]

這道料理以當季的半熟（mi-cuit）秋鮭爲主角，搭配剛進入產期的小蕪菁和水煮的櫻桃蘿蔔，以及即將結束季節的茴香花芽，呈現從夏季到秋季的季節變遷。盤中那引人注目的綠色醬汁，實際上是魚料理經典的白酒醬汁（sauce vin blanc），加入了小蕪菁葉的泥，使這道傳統醬汁變得更加清爽和現代化。其清新的口感和青翠的風味，賦予醬汁現代輕盈的味道。此外，作爲基礎的白酒醬汁中所使用的蘑菇，也經過預先燻製，以增加風味深度，這樣的處理方式爲這道經典醬汁增添了獨特的個人風格，而不是完全沿用傳統做法。

今治產鯧魚
稻稈香
夏季蔬菜

料理主廚

佐々木直步 | recte レクテ

使用醬汁

黃瓜青檸醬汁 [p. 038]

發酵蔬菜調味醬 [p. 070]

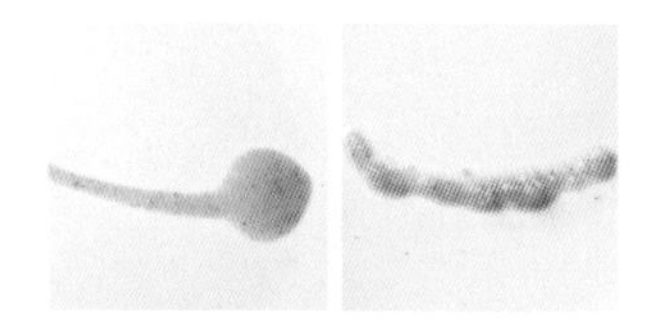

這道以鯧魚爲主角的夏季前菜，經過稻稈燻、炭火烤至魚皮香脆。配菜包括炭火烤的萬願寺辣椒、青椒，以及鹽水煮的秋葵和紅芯蘿蔔。醬汁則選用了清爽的黃瓜、萊姆（青檸檬）和奇異果，與炭火烤製的蔬菜，和鯧魚的煙燻香味相得益彰。爲了搭配味道清淡的鯧魚，還附上了一種發酵蔬菜調味醬，這是將大蒜和紅蔥頭與特級初榨橄欖油、檸檬汁和番紅花一起攪拌，常溫放置3天左右，以增強其鮮味和酸味。

海膽豆腐
佐酢橘風味的
冬瓜庫利

料理主廚

飯塚隆太 | Restaurant Ryuzu レストランリューズ

使用醬汁

冬瓜庫利［p. 044］

飯塚主廚經常使用日本食材並且熱愛品嚐日本料理。這道菜正是他試圖將日本料理中的「海膽豆腐」那種「柔和且具有夏日清爽美味」，以法國料理的方式再現的一道冷菜。這道菜的做法是以昆布高湯和鮮奶油爲基底，加入海膽、蛋以及扇貝粉等混合凝固成“海膽豆腐”，再淋上以當季冬瓜所製作的濃稠風味庫利醬汁。庫利醬汁的基底是扇貝高湯，再加入特級初榨橄欖油以增添油脂的濃郁口感和鮮味。爲了避免口感過於厚重，加入酢橘汁及皮來增添酸度和香氣，最後撒上鹽水煮的毛豆增添口感。

和歌山縣產扁鱠
發酵番茄
檸檬百里香

料理主廚

加藤順一 | Restaurant L'ARGENT ラルジャン

使用醬汁

發酵番茄和檸檬百里香醬汁 [p. 046]

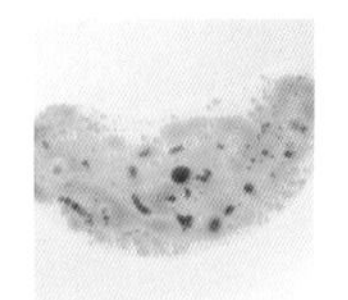

將整顆番茄與鹽一起放入袋中，抽出一半的空氣，放置在陰暗處1週。這樣處理後，不需壓碎番茄，只需輕輕地用布過濾，便能得到味道濃縮且清澈的“發酵番茄”。將其與檸檬百里香油輕輕混合，加藤主廚表示這種混合就像「生魚片醬油」的味道，非常適合搭配切塊的魚。所用的魚是之前學習受訓的地方，和歌山海域中捕獲的稀有白肉魚一富有強烈鮮味的扁鱠(melon-seed grouper)。這種魚先放置5天熟成，然後再用鹽醃一晚。搭配的配菜包括從蘿蔔絲和山葵聯想到的切片蕪菁、與鮮奶油混合的辣根汁冰粉，還有帶有苦酸的醃漬接骨木漿果(elderberries)。

萬願寺甜辣椒
冷湯醬汁
紅魷魚·海膽

料理主廚

岸本直人 | naoto.K

使用醬汁

萬願寺甜辣椒冷湯醬汁［p. 048］

將綠蘆筍、甜菜根、紅魷魚和海膽等夏季當令的食材用青木瓜片捲起，周圍淋上"冷湯醬汁gazpacho sauce"，這道冷前菜不僅美味還充滿視覺享受。冷湯醬汁是將甘甜的萬願寺辣椒與番茄精萃一起放入食物料理機攪打至糊狀，再加入牛肉清湯、雪莉酒醋和墨西哥辣椒醬等調味，增添濃郁的口感和辛辣的層次。底部鋪上一層牛肉清湯凍，使整道料理的鮮味更加突出。

chapter 3

黃色醬汁

青橘汁

將青橘汁（青ミカン）直接榨取果汁，不添加任何其他成分，以保留其原始香氣和酸味。

料理主廚

中村和成 | LA BONNE TABLE ラ・ボンヌ・ターブル

料理應用

炒蟬蝦燻製紅椒醬 烤玉米 青橘汁 [p. 081]

水果

| 材料 |

青橘汁（青ミカン）… 適量

| 作法 |

01 … 將青橘切半。

02 … 使用榨汁器榨取果汁。

「Aji amarillo」辣椒醬

使用甜度較高的黃色辣椒製作的秘魯醬汁。辣度在口中會較慢顯現。

料理主廚

仲村渠Bruno | bépocah ベポカ

料理應用

炸木薯 [p. 076]

蔬菜 香料 油

| 材料 |

黃色辣椒(Aji amarillo)* … 2個
洋蔥 … 40g
大蒜 … 20g
沙拉油 … 40g
鹽 … 適量
胡椒 … 適量
奧勒岡(oregano乾燥)… 適量

*— 在秘魯和安第斯地區常用的黃色辣椒。

| 作法 |

01 … 炒鍋中炒香黃色辣椒、切成大塊的洋蔥和切碎的大蒜。

02 … 將01的材料放入食物料理機中攪打，加入沙拉油、鹽、胡椒和乾燥奧勒岡，繼續攪拌。

03 … 等到02變得順滑後，過濾。

牛肉清湯凍

使用濃郁美味的熊本縣產褐毛和牛製作的清澈牛肉清湯，冷卻後凝固。

料理主廚

高木和也 ｜ ars アルス

料理應用

～夏日香氣～ 淺野Eco Farm和高農園的蔬菜

[p. 029]

肉

｜材料｜

牛肉的邊角肉和筋（熊本縣產褐毛和種「くまもとあか牛」）… 2kg
水 … 4L
洋蔥 … 400g
沙拉油 … 5g
牛肉的邊角肉和筋（用於澄清）… 200g
蛋白 … 50g
鹽 … 少量

｜作法｜

01 … 將牛肉的邊角肉和筋、水放入鍋中加熱。待水滾後撇去浮沫，煮約6小時取出清湯。

02 … 過濾01。

03 … 洋蔥切片後，用少量沙拉油在平底鍋中炒至表面焦黃。

04 … 將牛肉的邊角肉和筋（用於澄清）和03、蛋白、鹽放入食物料理機中攪打。

05 … 將02的清湯煮沸，加入04進行澄清。如需調味，可加入適量鹽調整。

06 … 過濾05，待涼後放入冰箱冷藏，凝固成果凍狀。（取出上層凝固的脂肪，將肉凍攪散後使用。）

柿子的莎莎醬（pico de gallo）

用日本秋天的水果「柿子」製作墨西哥風的新鮮莎莎醬「pico de gallo」。

料理主廚

木屋太一 佐藤友子 | KIYAS キヤス

料理應用

卡尼塔斯味噌醬 [p. 091] 塔可 (tacos)

水果 蔬菜

材料

柿子 … 適量
白蘿蔔 … 適量
青檸檬汁 … 適量
血橙汁 … 適量
鹽 … 適量

作法

01 … 把柿子和白蘿蔔切成細絲，各半混合在一起。

02 … 在01中加入青檸檬汁和血橙汁，並以適量的鹽調味。

甜柑橘醬

保留了清爽甜美的柑橘皮，製成濃郁的質感。

料理主廚

篠原和夫 | Restrant Kazu レストラン カズ

料理應用

貝類的前菜。也可搭配甜點

水果 酒精

| 材料 |

柑橘（sweet spring品種）* … 5個
水 … 適量
鹽 … 適量
海藻糖（Trehalose）… 適量
奶油 … 30g
苦艾酒（Noilly prat）… 300mL
茴香酒（Pernod）… 300mL

*— 温州蜜柑「上田温州」八朔柑橘混種而成的柑橘品種。酸味和苦味較少，果汁豐富。

| 作法 |

01 … 將柑橘的果皮、果肉和果汁分開。

02 … 在鍋中加入水、鹽和海藻糖，加入01的果皮和果肉煮沸後撈出。

03 … 用奶油炒香02的果皮和果肉，加入果汁，煮至水分快要收乾。

04 … 加入苦艾酒和茴香酒，煮至分量減少一半。

05 … 用手持均質機攪打至光滑。

甜辣醬

自家製發酵辣椒帶來的辣味和風味，製成了與眾不同的甜辣醬。

料理主廚

內藤千博 | Ăn Đi

料理應用

炭火烤珠雞 佐茉莉香米醬汁和醃漬辣椒

[p. 031]

香料　其他

| **材料** |

魚露 … 100g

細砂糖 … 60g

水 … 240g

檸檬汁 … 20g

葛粉 … 適量

發酵墨西哥辣椒（発酵Jalapeño）*

… 20g

紅甜椒 … 適量

*— 墨西哥辣椒經過鹽水燙煮，然後放入罐中，加入1.5L水、80g鹽、500g芋燒酎、4根肉桂、100g薑片、8粒八角、20粒丁香，密封保存2週左右，然後真空保存。

| **作法** |

01 … 將魚露、細砂糖、水和檸檬汁一起煮沸，加入以少量水（分量外）溶解的葛粉使其稍微變稠。

02 … 將切成小丁的發酵墨西哥辣椒，和適量的紅甜椒片加入。

生魚片醬汁

用酸橙果汁和「aji limo」辣椒，展現出秘魯的風味。

料理主廚

仲村渠 Bruno ｜ bépocah ベポカ

料理應用

赤貝和扇貝的生魚片 [p. 077]

海鮮　蔬菜　香草　香料

｜材料｜

檸汁醃生魚（ceviche）基底
- 魚高湯*1 … 120g
- 洋蔥 … 40g
- 大蒜 … 20g
- 薑 … 10g
- 西洋芹 … 40g
- 香菜莖 … 5g
- 辣椒（aji limo）*2 … 20g
- 鹽 … 8g
- 白胡椒 … 2g

赤貝 … 適量
干貝 … 適量
辣椒（aji limo）… 適量
香菜葉 … 適量
鹽 … 適量
白胡椒 … 適量
玉米粒*3 … 適量
紅洋蔥 … 適量
檸檬汁 … 適量

*1— 將嘉鱲魚頭、洋蔥、蔥、西洋芹、大蒜、黑胡椒、百里香等煮成魚高湯。
*2— 在秘魯等安地斯地區使用的辣椒品種，稍微有些辣味。
*3— 秘魯原產的玉米品種，特徵是白色大顆粒和綿滑的口感。

｜作法｜

01 … 製作檸汁醃生魚（ceviche）基底。將魚高湯、切好的蔬菜、鹽和白胡椒放入食物料理機中攪打，然後過濾。

02 … 打開赤貝的殼，取出肉和裙邊。保留殼中的汁液。

03 … 將赤貝和干貝切片，加入切碎的辣椒、香菜葉、鹽和白胡椒，靜置約2分鐘。

04 … 將煮熟的玉米粒、切碎的紅洋蔥和02保留的赤貝汁液加入03中。

05 … 用1：2的比例混合檸汁醃生魚基底和檸檬汁，倒入04中輕輕攪拌。液體部分即是生魚片醬汁。

魯耶醬（sauce Rouille）

馬賽魚湯（bouillabaisse）不可缺少的「變味」元素。

料理主廚

谷 昇 ｜ Le Mange-Tout ル・マンジュ・トゥー

料理應用

普羅旺斯風石狗公 [p. 078]

蛋黃　油

｜材料｜

番紅花（saffron）… 1 小撮
蛋黃 … 2 個
蒜香油 … 100mL
鹽 … 適量

｜作法｜

01 … 將番紅花用微波爐（950W）加熱 1 分鐘，用湯匙背面壓碎成粉末狀。

02 … 將蛋黃、蒜香油和鹽加入番紅花粉末中，攪拌至乳化爲止。

番茄果凍

將東南亞薑"南薑"的香氣注入番茄精華，製成果凍。

料理主廚

山本聖司 | La Tourelle ラ・トゥーエル

料理應用

龍蝦、李子、和牛生火腿佐魚子醬和海膽，以及大黃和番茄慕斯，以洛神花點綴 [p. 115]

蔬菜

| 材料 |

番茄 … 500g
南薑（galangal）* … 70g
凝固劑（寒天粉 pearlagar）… 55 g

*— 在東南亞廣泛使用的一種薑，具有強烈的辛辣味和刺激感。英語名為galangal，泰語稱為kha。

| 作法 |

01 … 將去蒂的番茄放入食物料理機中打成泥狀，倒入鍋中用中火加熱。

02 … 當番茄泥分離成果肉和透明液體時，用紙過濾。

03 … 將過濾後的500g液體倒入鍋中，加入磨碎的南薑，加熱至沸騰後關火蓋上鍋蓋，靜置20分鐘使其香氣滲透。

04 … 將03再次加熱並加入凝固劑攪拌溶解。

番茄淚與柚子醬

將烤番茄滴下的濃縮汁液與柚子結合，製成類似柚子醋的醬汁。

料理主廚

岸本直人 | naoto.K

料理應用

厚切虎河豚 番茄淚 唐墨 [p. 079]

蔬菜 水果 油 醋

| 材料 |

番茄（大顆・熟透）… 10顆
鹽 … 少許
大蒜 … 適量
乾辣椒 … 適量
百里香 … 適量
迷迭香 … 適量
橄欖油 … 適量
糖煮柚子（yuzu compote）… 適量
雪莉酒醋 … 適量
增稠劑（Sosa黃原膠xantana）… 適量

| 作法 |

01 … 將番茄橫切對半，切面朝下排列在烤盤上，撒上鹽。再放上薄片的大蒜、乾辣椒、百里香和迷迭香，淋上橄欖油。

02 … 蓋上另一張烤盤，以160℃的溫度在烤箱中加熱1小時20分鐘。

03 … 移開02的烤盤蓋，再加熱20分鐘。

04 … 將03烤盤的一邊稍微抬高，使其傾斜，放置在室溫下2～3小時，收集番茄自然滴出的液體。

05 … 過濾04的液體，放入冰箱冷卻。

06 … 將05的液體按照比例10，混合糖煮柚子2、橄欖油2、雪莉酒醋1，攪拌均勻，並用增稠劑調整濃稠度。

發酵蔬菜調味醬(condiment)

將香味蔬菜、檸檬汁、油脂和番紅花混合靜置，增添濃郁和酸味的風味。

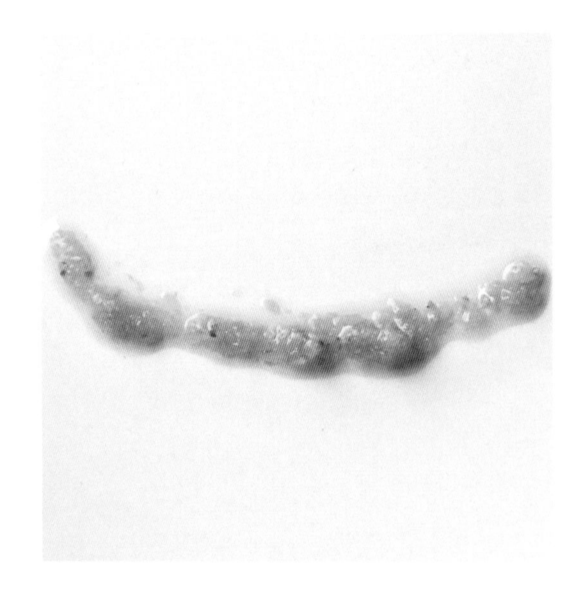

料理主廚

佐々木直步 | recte レクテ

料理應用

今治產鯧魚 稻稈香 夏季蔬菜 [p. 054]

蔬菜 香草 油

材料

大蒜…8g
西洋芹…40g
洋蔥…80g
紅蔥頭…40g
芫荽籽…4g
番紅花…3g
白胡椒…4g
檸檬汁…300mL
特級初榨橄欖油…300g

作法

01… 將大蒜、西洋芹、洋蔥和紅蔥頭切成適當大小。

02… 將01和其他所有材料放入食物料理機，攪打至仍保留些許顆粒的程度。

03… 將02放入塑膠夾鏈袋或其他密封袋，密封後靜置於常溫下約3天。當出現微發泡時，放入冰箱保存使用。

春季高麗菜醬

春季高麗菜的甘甜與茴香酒（Pernod）和咖哩的香氣相結合，製成適合魚料理的萬用醬汁。

料理主廚

篠原和夫 | Restrant Kazu レストラン カズ

料理應用

適用於一般魚類菜餚，如鯖魚和魚白的奶油香煎（meunière）。

蔬菜 海鮮 酒精

| 材料 |

春季高麗菜…1顆
大蒜…1/2顆
紅蔥頭…2個
橄欖油…適量
茴香酒（Pernod）…200mL
番紅花…1小撮
咖哩混合香料…適量
魚高湯（fumet de poisson）…500mL
百里香葉…2枝
鹽…適量
胡椒…適量
增稠劑（Sosa黃原膠xantana）…1小匙

| 作法 |

01…去掉春季高麗菜的芯，將葉子逐片拆下，稍微汆燙後立即放入冰水中冷卻以保持顏色，散熱後切成大塊。

02…將切碎的大蒜和紅蔥頭用橄欖油炒香，加入苦艾酒煮至減少成1/2量。

03…加入番紅花和咖哩混合香料（分量以稍微有香氣爲準）。

04…加入魚高湯、春季高麗菜和百里香葉，煮沸後立即離火。

05…將整鍋置於冰水中迅速冷卻以保持顏色。

06…用手持均質機將05攪打均勻，以鹽和胡椒調整味道，最後加入增稠劑攪拌均勻。

燈籠果泥

將食用燈籠果與檸檬和青辣椒一起製成的原創塔可醬汁。

料理主廚

木屋太一 佐藤友子 | KIYAS キヤス

料理應用

名古屋雞肉丸子玉米塔可 燈籠果泥和果醬

[p. 080]

水果　油

| 材料 |

食用燈籠果(酸漿physalis)…35g
國產檸檬…1/8個
青辣椒…1/4個
西洋芹…35g
鹽…1.3g
水…20mL
葡萄籽油…35g

| 作法 |

01…將所有材料放入食物料理機(如Vitamix)中攪打均勻。

貝亞恩斯醬（béarnaise）

慢慢煮濃萃取出香甜味的紅蔥頭，減少使用奶油使其口感更輕盈。

料理主廚

岸本直人 ｜ naoto.K

料理應用

烤牛肉

酒精　醋　蛋黃　香草

｜材料｜

白葡萄酒 … 700g
白葡萄酒醋 … 350g
白胡椒粒 … 20粒
紅蔥頭 … 300g
蛋黃 … 6個
水 … 30g
澄清奶油（clarified butter）… 30 ～ 40g
巴西利 … 5g
龍蒿（tarragon）… 5g

｜作法｜

01 … 鍋中加入白葡萄酒、白葡萄酒醋和壓碎的白胡椒粒。

02 … 紅蔥頭切成末，注意不要破壞纖維，切好後立即放入01的鍋中。

03 … 將02的鍋放在節能板上加熱，慢慢煮約4小時至濃稠。若加熱後紅蔥頭仍有脆感，可加入等量的白葡萄酒和白葡萄酒醋（分量外），繼續加熱至濃稠。

04 … 將蛋黃和水放入碗中，一邊隔水加熱一邊用打蛋器攪打。

05 … 當04變得蓬鬆且打蛋器拉起，蛋黃糊流下的速度變慢時，快速加入30g的03，輕輕攪拌以避免破壞泡沫。

06 … 保持溫度在約50℃，在05中逐漸加入溫熱的澄清奶油，攪拌使其乳化。

07 … 在不過度破壞泡沫的情況下，將06過篩。最後加入切碎的巴西利和龍蒿，混合均勻。

烤玉米醬

香烤玉米，用自製奶油炒好後直接作爲醬料使用。

料理主廚

中村和成 | LA BONNE TABLE ラ・ボンヌ・ターブル

料理應用

炒蟬蝦燻製紅椒醬 烤玉米 青橘汁 [p. 081]

蔬菜　乳製品

| 材料 |

玉米粒 … 20粒
奶油（自製）… 10g
鹽 … 適量

| 作法 |

01 … 將玉米粒從玉米芯上剝下，然後在加熱的平底鍋中用奶油炒。

02 … 當玉米粒熟透後，使用噴槍燒烤玉米粒的表面至略帶焦色，然後用鹽調味即可。

料理應用 >>>

炸木薯

料理主廚

仲村渠Bruno | bépocah ベポカ

使用醬汁

「Aji amarillo」辣椒醬 [p. 061]

在秘魯被稱爲「Yuca」(西班牙語)的木薯。通常會煮熟或油炸後食用。由於在日本的栽植較少，這道料理使用的是秘魯產的冷凍木薯，油炸後搭配黃色辣椒醬。這款醬汁是將Aji amarillo黃辣椒與香味蔬菜一同炒香以釋放其風味，再與奧勒岡、沙拉油等攪拌而成，後勁漸強的辣味成爲這道樸實料理的亮點。「這款醬汁可以用於沙拉或拌飯等多種菜餚」仲村渠主廚表示。底部鋪上竹葉，並配上秘魯的新鮮乳酪「Queso fresco」和鹽漬黑橄欖「Botija」來展現秘魯料理鮮豔的色彩。

赤貝和扇貝的生魚片

料理主廚

仲村渠 Bruno | bépocah ベポカ

使用醬汁

生魚片醬汁 [p. 066]

在秘魯料理中，最著名的莫過於「檸汁醃生魚 ceviche」。這道料理是將切成塊狀的生魚、貝類，與鹽、辣椒、紅洋蔥、香菜和秘魯檸檬汁等調味後製成的海鮮醃漬品。經典搭配包括煮熟的大粒白玉米「Choclo」、油炸的乾燥玉米「Cancha」，以及用橙汁煮熟的紅薯。在這道料理中，我們使用了與當地常用的「Peruvian black clam」相似的「赤貝」，及口感不同的干貝。首先，將海鮮稍微調味並混合均勻。最後，加入以魚高湯爲基底的生魚片醬汁以及「相對接近秘魯檸檬」的「青檸檬 Key lime」汁，迅速混合後即可上桌。辣椒使用的是具有辛辣味和清新感的「Aji limo」。

普羅旺斯風
石狗公

料理主廚

谷 昇 | Le Mange-Tout ル・マンジュ・トゥー

使用醬汁

鲁耶醬 (sauce Rouille) [p. 067]

石狗公醬 [p. 127]

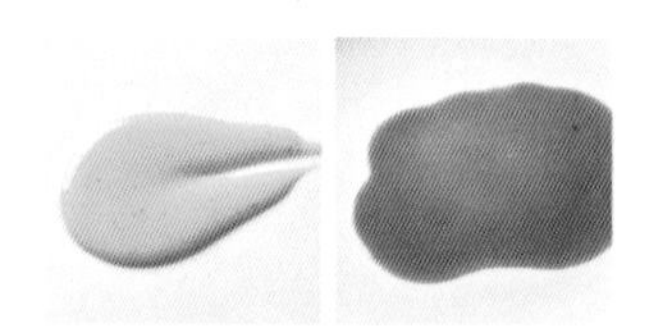

這道料理使用整條石狗公，以氣勢十足的馬賽魚湯(Bouillabaisse)風格呈現。首先，將石狗公先過油處理，再放入魚高湯(consommé de poisson)、白酒和奶油中，放入烤箱蒸煮，期間不斷淋上煮汁使肉質變得鬆軟。谷主廚說:「在燉煮過程中所產生的煮汁，也可以作爲醬汁使用。」這道料理中的「石狗公醬」是以石狗公的精華煮汁爲基底，過濾後加入奶油增添濃郁度和濃稠度，再用茴香酒(Pernod)增添甜味和苦味，使風味更加豐富。此外，還提供了法式魚湯中不可或缺的「魯耶(Rouille)醬」作爲另一種醬汁，讓人享受口味的變化。

厚切虎河豚
番茄淚 唐墨

料理主廚

岸本直人 | naoto.K

使用醬汁

番茄淚與柚子醬 [p. 069]

這道菜將日本料理中經常以橘醋醬油品嚐的河豚生魚片，融入了法國料理的元素。首先，將河豚靜置至纖維適度地鬆散，然後切成較厚的片，展現其細膩的風味和咀嚼時滲出的鮮美。這道菜的醬汁基底來自烤番茄汁，這種從加熱的番茄自然滴落的汁液，岸本主廚稱之爲「番茄的眼淚」。這款醬汁的鮮味濃縮但口感清爽，是岸本主廚對醬汁的挑戰。其中還混入了柚子醬，以增強河豚的風味而不掩蓋其鮮味。此外，盛盤的炙燒河豚，塗上由醬油和柚子胡椒製成的醬料，並經過乾燥處理，最後用炭火烤至半熟，以獲得獨特的風味和口感。

名古屋
雞肉丸子
玉米塔可（taco）
燈籠果泥和果醬

料理主廚

木屋太一 佐藤友子 | KIYAS キヤス

使用醬汁

燈籠果泥 [p. 072]

燈籠果醬 [p. 102]

這道菜是從「在日本製作的塔可（taco）是什麼？」這個問題而誕生的。它以濃郁的名古屋Cochin（コーチン）品種的雞腿肉、雞皮、雞油、蓮藕等製作成的炸肉丸，然後放在剛烤好的玉米塔可上，淋上2種不同的醬汁。這兩種醬汁都是用燈籠果（Physalis）來代替墨西哥常見的番茄醬。一種是與檸檬、青辣椒、油等一起攪拌；另一種是先炒熟，然後加入白葡萄酒煮至濃稠，並添加龍舌蘭糖漿（agave）和艾斯佩雷產辣椒粉（piment d'espelette）等調味料，以突顯燈籠果的圓潤姿態。

炒蟬蝦
燻製紅椒醬
烤玉米
青橘汁

料理主廚

中村和成 | LA BONNE TABLE ラ・ボンヌ・ターブル

使用醬汁

烤玉米醬 [p. 074]

青橘汁 [p. 060]

燻製紅椒醬 [p. 087]

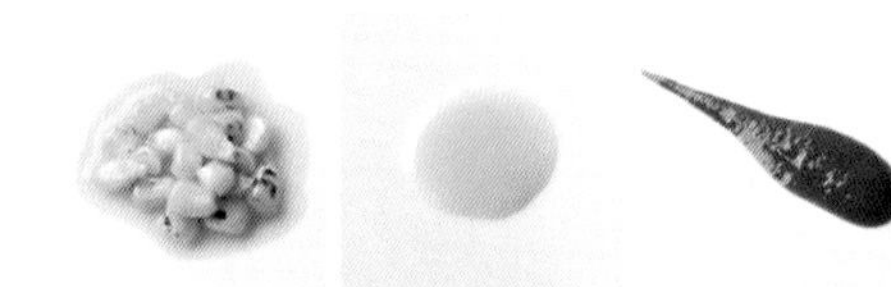

中村先生偏愛的蟬蝦，因其柔軟的質地和溫和的風味而聞名。作爲配菜，搭配了輕輕煎炒的櫛瓜，然後使用了3種醬汁：用奶油炒的玉米、青橘汁和紅椒醬。紅甜椒經過稻稈燻燒，帶有濃郁的香氣，能夠突顯蟬蝦的溫和風味。此外，爲了突出其鮮豔的顏色和口味，紅甜椒醬沒有添加油脂，而是用充足的自製奶油炒玉米，做爲油脂一起盛盤，增添甜味和濃郁感。青橘不僅加入果汁中，還切成楔形附上，增添了清新的酸味，使整體口感更加豐富。

chapter 4

紅色醬汁

蘋果醋果凍

蘋果醋帶來的清爽酸味，能為濃郁的料理增添一份輕盈。

料理主廚

葛原将季 | Reminiscence レミニセンス

料理應用

鰻 燻製豆腐 [p. 229]

乳製品

| 材料 |

蘋果醋 … 100mL
水 … 100mL
寒天(粉)… 適量

| 作法 |

01 … 將蘋果醋和水混合，然後加入用水(分量外)溶解的寒天粉，攪拌均勻後放入冰箱冷藏凝固。

安地庫喬醬(anticucho)

這是一種來自秘魯的肉類炭火燒烤醬汁，乾辣椒帶來強烈的香氣和濃郁的風味。

料理主廚

仲村渠 Bruno | bépocah ベポカ

料理應用

醃製國產牛心串燒

香料　酒精

| 材料 |

Aji panca辣椒(乾燥)* … 120g
大蒜 … 20g
黑啤酒(秘魯產) … 80g
紅酒醋 … 18g
醬油 … 18g
孜然粉 … 10g
奧勒岡(乾燥) … 10g
鹽 … 8g
黑胡椒 … 8g

*— 一種在秘魯及安第斯地區使用的辣椒，具有類似煙燻的香氣和濃郁的風味。

| 作法 |

01 … 將Aji panca辣椒泡在水中，直到軟化，然後用手持均質機打成糊狀。大蒜切成細末。

02 … 將打好的辣椒糊與其他所有材料混合均勻。

草莓香醋醬汁

使用新鮮草莓和草莓果醬，並添加一點咖哩的香味作爲點綴。

料理主廚

青木 誠 ｜ Les Frères AOKI レフ アオキ

料理應用

搭配牡丹蝦和草莓的沙拉

水果　油　醋

｜材料｜

草莓（栃乙女品種）… 250g
草莓果醬 … 15g
綠芥末（green mustard）… 30g
特級初榨橄欖油 … 20mL
咖哩油* … 80mL
紅酒醋 … 15mL
砂糖 … 少量
鹽 … 少量
胡椒 … 少量

*— 將炒過的香味蔬菜（mirepoix）與咖哩粉和沙拉油一起加熱後，用紙過濾。

｜作法｜

01 … 將草莓、草莓果醬和綠芥末以手持均質機混合打成泥後，用粗網篩過濾。

02 … 在01的混合物中加入剩餘材料，攪拌均勻即可。

燻製紅椒醬

使用稻稈燻製，增添風味，使紅甜椒的鮮味更加深厚。

料理主廚

中村和成 | LA BONNE TABLE ラ・ボンヌ・ターブル

料理應用

炒蟬蝦燻製紅椒醬 烤玉米 青橘汁 [p. 081]

蔬菜

| 材料 |

紅甜椒 … 4個
稻稈 … 適量
鹽 … 適量

| 作法 |

01 … 將整顆紅甜椒放入220℃的烤箱中烤12分鐘。

02 … 在燒烤架上鋪稻稈，並在上面放一個網架，點燃稻稈。將01的紅甜椒放在網架上，直到均勻染上燻香，然後再加入更多稻稈，使燻煙包覆增添香氣。

03 … 將步驟02的紅甜椒去蒂與籽，放入食物料理機中攪打成泥，並用鹽調味。

異國風味醬汁

以龍蝦高湯結合亞洲香草，帶來清新的記憶、深刻的風味。

料理主廚

田熊一衛 | L 'eclaireur レクレルール

料理應用

半熟明蝦佐胡蘿蔔千層、番茄果凍和青蘋果

[p. 110]

甲殼類 油 醋 香草

| 材料 |

蒜頭 … 8g
薑 … 8g
檸檬香茅（lemongrass）… 1.5g
檸檬葉（kaffir lime）… 1片
發酵奶油 … 適量
龍蝦高湯（jus de homard）… 150g
白巴薩米克醋（aceto balsamico bianco）… 30g
葡萄籽油 … 50g

| 作法 |

01 … 將蒜頭、薑、檸檬香茅切成細末，檸檬葉切成粗末，用發酵奶油稍微炒香。

02 … 加入龍蝦高湯（省略解說），煮至分量減半，放涼。

03 … 加入白巴薩米克醋，並用葡萄籽油調和至乳化即可。

Mexican pepperleaf發酵番茄醬

發酵的水果番茄與墨西哥香草「墨西哥胡椒葉Mexican pepperleaf」的組合。

料理主廚

木屋太一 佐藤友子 | KIYAS キヤス

料理應用

比目魚與墨西哥胡椒葉 發酵番茄的檸汁醃生魚 (Aguachile) [p. 111]

蔬菜 香料

| 材料 |

水果番茄 … 適量
鹽 … 番茄重量的1.5%
墨西哥胡椒葉粉（Mexican pepperleaf）*
… 適量

*— 墨西哥及中南美洲常用的香草，乾燥後磨成粉末，亦稱Hoja santa。

| 作法 |

01 … 將水果番茄去蒂，帶皮放入沸水中煮沸殺菌。

02 … 將殺菌過的番茄加入鹽，用食物料理機（如Vitamix）打成糊狀，裝入袋中並抽眞空。放置在常溫下發酵3～5天。

03 … 供應時，將發酵好的番茄糊倒在盤子上，撒上墨西哥胡椒葉粉。

龍蝦乳化醬汁

利用龍蝦高湯加入龍蝦膏奶油，充分引出多層次的鮮味。

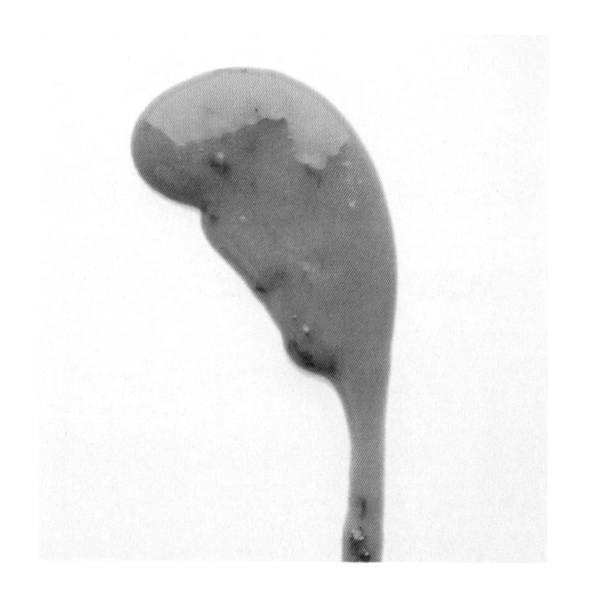

料理主廚

飯塚隆太 | Restaurant Ryuzu レストラン リューズ

料理應用

烤藍龍蝦佐乳化醬汁及蘑菇 [p. 112]

甲殼類

| 材料 |

龍蝦高湯（fond de homard）… 100g
玉米澱粉 … 10g
奶油 … 10g
龍蝦膏奶油* … 20g
檸檬汁 … 5g
香葉芹（chervil）… 2g
鹽 … 適量
胡椒 … 適量

*— 將奶油在室溫下放至軟膏狀，與過篩的龍蝦膏以3:1比例混合，用干邑白蘭地增加香氣後冷凍保存。

| 作法 |

01 … 將龍蝦高湯（省略解說）煮沸後加入玉米澱粉，邊加熱邊攪拌。

02 … 加入奶油和龍蝦膏奶油，確保龍蝦膏奶油完全融合並加熱。

03 … 加入檸檬汁和切碎的香葉芹，用鹽和胡椒調味。

Carnitas味噌醬

在墨西哥燉豬肉「Carnitas」的醬汁中，添加隱味的味噌。

料理主廚

木屋太一 佐藤友子 | KIYAS キヤス

料理應用

墨西哥燉豬肉與柿子的莎莎醬 [p. 063] 塔可

肉　蔬菜　水果　香料

材料

豬五花肉（群馬縣產氷室豚）⋯ 650g
鹽 ⋯ 10g
和三盆糖 ⋯ 15g
A
- 水果番茄 ⋯ 100g
- 洋蔥 ⋯ 100g
- 紅蘿蔔 ⋯ 20g
- 西洋芹 ⋯ 30g
- 蘋果 ⋯ 40g
- 柿子 ⋯ 20g
- 檸檬（國產）⋯ 1/6個
- 大蒜 ⋯ 5g
- 生薑 ⋯ 5g
- 香菜葉 ⋯ 10g
- 乾辣椒（chile arbol）*1 ⋯ 1g
- 乾辣椒（chile passilla）*2 ⋯ 3g
- 小豆蔻 ⋯ 2粒
- 芫荽籽 ⋯ 1g
- 紅椒粉 ⋯ 2g
- 紅味噌 ⋯ 15g

水 ⋯ 適量
完成
- 鹽 ⋯ 適量
- 龍舌蘭糖漿 ⋯ 適量
- 和三盆糖 ⋯ 適量

*1、2— 皆為墨西哥產的乾辣椒。

作法

01 ⋯ 用叉子在豬五花肉表面戳洞，撒上鹽以及和三盆糖，醃製1天。

02 ⋯ 將A中的所有蔬菜和水果（切成適當大小）、香草、香料和調味料放入鍋中，加入足夠的水（淹沒豬肉即可），加熱。沸騰後，將豬五花肉表面的水分擦乾，放入鍋中，大火煮20～30分鐘。

03 ⋯ 轉小火，期間適時添加水，保持水量足以淹沒豬肉，煮約2小時。

04 ⋯ 讓鍋中的內容物自然冷卻後，取出豬肉，將煮汁放入冰箱冷藏（豬肉用於墨西哥燉豬肉）。

05 ⋯ 將冷藏後煮汁表面的凝固脂肪去除，適量加水調節水分，用手持均質機攪打至混合均勻。

06 ⋯ 供應時，將煮汁加熱，用鹽、龍舌蘭糖漿和和三盆糖調味。

乾燥甜蝦調味醬

將乾燥甜蝦反覆加水煮至香味濃縮，形成香氣四溢的調味料。

料理主廚

今橋英明｜ Restaurant L'aube レストランローブ

料理應用

適合用於沙拉或冷盤

甲殼　油　乳製品

｜材料｜

水 … 200mL + 100mL + 100mL
乾燥甜蝦（アマエビ乾燥）… 90g
大蒜 … 2片
完成用
- 魚露 … 50mL
- 檸檬風味橄欖油 … 200mL
- 鮮奶油（乳脂肪35%）… 100mL
- 檸檬汁 … 少量
- 卡宴紅椒粉（cayenne pepper）… 少量

｜作法｜

01 … 在鍋中加入200mL的水，放入乾燥甜蝦和大蒜，開始加熱。

02 … 當01的甜蝦變軟後，用木鏟壓碎並繼續煮。

03 … 當水分減少，鍋底開始出現金黃色的焦香物質時，加入100mL的水，溶出鍋底精華（déglacer）。

04 … 再次煮至水分減少，再加入100mL的水，繼續溶出鍋底精華（déglacer）。煮至水分減少，甜蝦完全變成碎粒狀。

05 … 將04混合物與所有最後完成用的調味料一起放入食物料理機，攪打成糊狀。

燻製紅椒醬

透過煙燻的香氣，增添紅椒本身的甜味與野性風味。

料理主廚

後藤祐輔 | AMOUR アムール

料理應用

適合搭配夏季烤鹿肉

蔬菜　肉

| 材料 |

紅椒 … 5個
橄欖油 … 適量
雞肉清湯（consommé de volaille）
　… 適量
鹽 … 適量

| 作法 |

01 … 將紅椒表面塗上橄欖油，放入180℃的烤箱中烤約15分鐘，然後去皮和去籽。

02 … 用櫻花木煙燻片（分量外）將紅椒燻製約5分鐘。

03 … 將燻製過的紅椒與等量的雞肉清湯（省略解說）放入食物料理機中攪打，用鹽調味。最後以濾網過濾。

紅芯蘿蔔和仙人掌的莎莎醬 (pico de gallo)

簡單地將仙人掌醃菜和紅芯蘿蔔，用萊姆汁和鹽調和即可。

料理主廚

木屋太一 佐藤友子 | KIYAS キヤス

料理應用

比目魚與墨西哥胡椒葉　發酵番茄的檸汁醃生魚 (Aguachile) [p. 111]

蔬菜

| 材料 |

紅芯蘿蔔 … 適量
醃漬仙人掌* … 適量
萊姆汁 … 適量
鹽 … 適量

*一 將去除刺的仙人掌 (prickly pear cactus) 用鹽水汆燙一下，然後以醃漬液 (白葡萄酒醋、穀物醋、龍舌蘭糖漿、和三盆糖、芫荽籽、酪梨葉等混合而成) 浸泡。

| 作法 |

01 … 將紅芯蘿蔔和醃漬仙人掌分別切成小方塊，等量混合。

02 … 加入適量的萊姆汁和鹽調味，攪拌均勻即可。

喜爾蒂姆胡椒與番茄的香料醬汁

這款香料醬汁結合了番茄汁的鮮美、喜爾蒂姆胡椒的清涼感和甜菜根的美麗色澤，輕盈爽口。

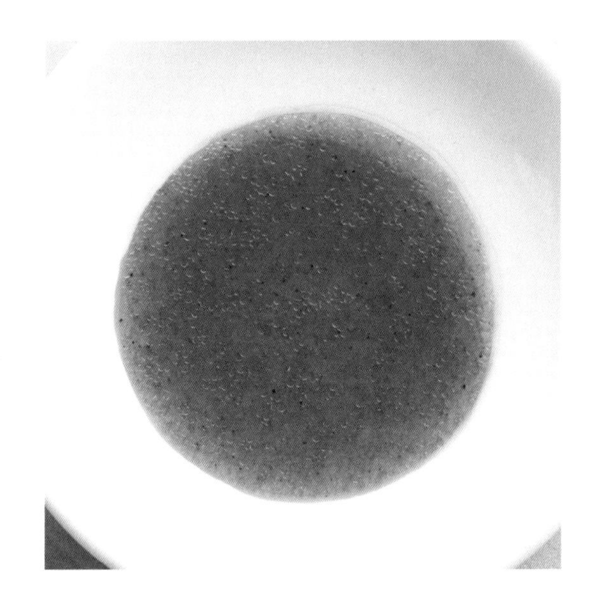

料理主廚

本田 遼 | OLD NEPAL オールド ネパール

料理應用

與其他阿查醬（achar），一起搭配水牛饃饃（尼泊爾蒸餃）

香料 蔬菜 油

材料

A（數字爲比例）

- 喜爾蒂姆胡椒（Sil Timur peppercorn）* … 3
- 甜菜根（140℃加熱調理）… 2
- 葵花籽油 … 20

B

- 檸檬汁 … 適量
- 番茄水 … 檸檬汁重量的20%
- 喜爾蒂姆胡椒 … 檸檬汁重量的10%
- 甜菜根（140℃加熱調理）… 檸檬汁重量的10%
- 鹽 … 檸檬汁重量的3%

*— 喜爾蒂姆胡椒（Sil Timur peppercorn）是一種在尼泊爾常用的胡椒，帶有檸檬香茅般的清涼感。

作法

01 … 將A的所有材料混合，眞空包裝後以80℃加熱1小時，然後過濾。

02 … 將B的所有材料混合，用手持均質機攪打，然後過濾。

03 … 將步驟01和步驟02按照3：1的比例混合即可。

燻製骨髓醬

這款醬汁是將煮濃縮的小牛高湯（fond de veau）與燻製的牛骨髓混合製成。

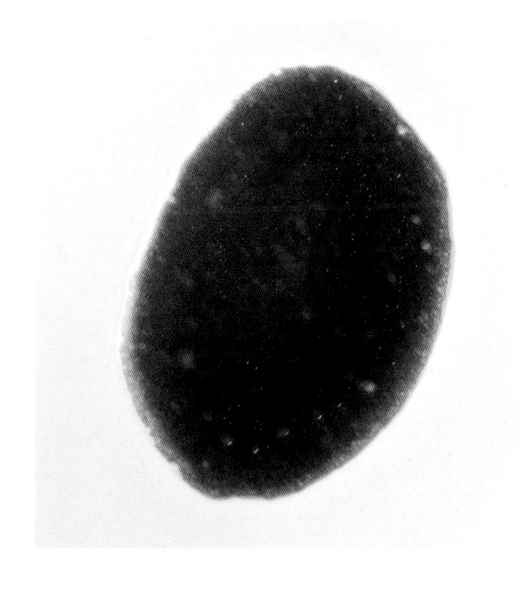

料理主廚
加藤順一 ｜ Restaurant L'ARGENT ラルジャン
料理應用
烤牛肉

肉　其他

｜材料｜

紅蔥頭 … 25g
奶油 … 適量
蜂蜜 … 50g
蘋果醋 … 100mL
雞肉高湯（bouillon de volaille）… 1L
小牛高湯（fond de veau）… 1L
落葉松嫩芽 … 5g
牛骨髓 … 25g

｜作法｜

01 … 將紅蔥頭切片，在加熱的鍋中用奶油翻炒至軟。

02 … 加入蜂蜜，持續加熱至呈現焦糖狀。

03 … 加入蘋果醋，煮至濃縮成糖漿狀。

04 … 加入雞肉高湯和小牛高湯（均省略解說），繼續煮至液體減少到原來的1/4。

05 … 使用燻槍（smoking gun），將落葉松嫩芽的煙燻至牛骨髓上，這個過程重複10次。

06 … 將04的醬汁與適量切小丁05的牛骨髓混合（透過添加更多的骨髓，增加含油量，使其不完全乳化，醬汁呈現分離狀態）。

修隆醬（sauce choron）

這款醬汁減少了傳統油脂的使用量，使其更類似於輕盈的蛋奶醬。

料理主廚

石崎優磨 | Yumanité ユマニテ

料理應用

酥皮烤鱸魚佐修隆醬 [p. 113]

醋 蛋黃 乳製品 蔬菜

| 材料 |

蛋黃 … 10g
紅蔥頭濃縮汁（échalote réduction）*
… 50g
濃縮番茄糊（tomato concentrate）
… 30g
澄清奶油（clarified butter）… 70g

*— 在鍋中加入切成薄片的紅蔥頭，倒入白酒醋至覆蓋紅蔥頭，加熱至幾乎煮乾，再倒入白葡萄酒至覆蓋紅蔥頭，再次加熱至幾乎煮乾，之後加入龍蒿、百里香、月桂葉、胡椒，加熱混合後過濾。

| 作法 |

01 … 將蛋黃和紅蔥頭濃縮汁放在一起，下墊熱水加熱並攪拌。

02 … 將濃縮番茄糊加熱至與01相同的溫度，與01混合。

03 … 逐步將澄清奶油加入02中並攪拌均勻至乳化。

紅酒醬（marchand de vin）

用紅酒製作「beurre blanc奶油醬汁」很罕見，這款醬汁融合了顏色的震撼和熟悉的味道。

料理主廚

青木 誠 ｜ Les Frères AOKI レフ アオキ

料理應用

鯛魚佐扇貝和雪蟹慕斯 [p. 114]

乳製品 肉 其他

｜材料｜

紅蔥頭 … 60g
紅酒醋 … 30mL
紅酒 … 300mL
鮮奶油（脂肪含量35%）… 100mL
奶油 … 適量
波特酒（Port）… 少許

｜作法｜

01 … 在鍋中放入切片的紅蔥頭和紅酒醋，煮至水分幾乎煮乾後加入紅酒，再繼續煮至水分幾乎煮乾。

02 … 加入鮮奶油攪拌均勻。用漏斗過濾去掉固體。

03 … 在另一個鍋中加熱02，加入奶油和波特酒調味。

松露番茄醋汁

結合了經過鹽醃漬的番茄鮮味和黑松露的香氣，讓這份醋汁格外突出。

料理主廚

岸本直人 | naoto.K

料理應用

適用於搭配了烤洋蔥和松露的蔬菜料理，或者佐烤龍蝦或牛肉

蔬菜　菇蕈　油　醋

| 材料 |

番茄 … 2個
紅蔥頭 … 20g
黑松露（冷凍）… 40g
紅酒醋 … 50g
鹽 … 5g
白胡椒 … 2.5g
葡萄籽油 … 100g
特級初榨橄欖油 … 50g
榛果油 … 25g
白松露油 … 4g

| 作法 |

01 … 將番茄切成小塊，撒上鹽（分量外），靜置一晚。
02 … 切碎紅蔥頭，浸泡在水中（分量外），以適度去除辛辣味。
03 … 將黑松露半解凍後切碎。
04 … 在碗中混合紅酒醋、鹽和白胡椒。
05 … 04中加入葡萄籽油、特級初榨橄欖油、榛果油和白松露油攪拌均勻。
06 … 將01～03和05混合攪拌。

菊苣泡菜與榛果醬汁

以荷蘭醬（sauce hollandaise）爲基礎，搭配自製的菊苣泡菜和榛果，呈現獨特的風味。

料理主廚

田熊一衛 ｜ L'éclaireur レクレルール

料理應用

適用於野生蘆筍和其他蔬菜料理

乳製品　蛋黃　蔬菜

｜材料｜

蛋黃…200g
雪利酒醋…15g
水…15g
焦化發酵奶油（beurre noisette）…400g
菊苣泡菜（約發酵1年）…30g
菊苣泡菜（約發酵半年）…30g
榛果油…80g
榛果…56g

｜作法｜

01…將蛋黃、雪利酒醋和水放入設定爲60℃的Thermomix攪拌機中攪打至變白。逐漸加入焦化發酵奶油並攪打至均質。

02…切碎2種菊苣泡菜（省略解說），放入鍋中。持續炒直到散發出焦糖香味。

03…將02加入01中並攪打，再用濾網過濾。

04…將榛果油加入03調和，再加入切碎的榛果拌勻。

洛神花泡沫

帶有甜美香氣和鮮豔色彩，爲菜餚增添華麗風采。

料理主廚

山本聖司 | La Tourelle ラ•トゥーエル

料理應用

龍蝦、李子、和牛生火腿佐魚子醬和海膽，以及大黃和番茄慕斯，以洛神花點綴[p. 115]

香草

| 材料 |

洛神花茶 … 5g
熱水 … 300mL
大豆卵磷脂 … 5g

| 作法 |

01 … 在熱水中浸泡洛神花茶約10分鐘，沖泡出濃郁的茶湯。

02 … 將濾出的洛神花茶湯中加入大豆卵磷脂並攪拌溶解，以氮氣瓶擠出成泡沫狀。

燈籠果醬

將炒過的燈籠果以白葡萄酒煮熟，再加入龍舌蘭糖漿，增添溫和的甜味。

料理主廚

木屋太一 佐藤友子 | KIYAS キヤス

料理應用

名古屋雞肉丸子玉米塔可 燈籠果泥和果醬

[p. 080]

水果 酒精

| 材料 |

食用燈籠果（酸漿 physalis）… 25g
發酵奶油 … 1.5g
白葡萄酒 … 35mL
龍舌蘭糖漿（agave nectar）… 1.5g
鹽 … 1/8小匙
艾斯佩雷產辣椒粉（piment d'espelette）
　… 少量

| 作法 |

01 … 將燈籠果與發酵奶油一同炒熟。
02 … 加入白葡萄酒，焰燒（flambé）後再煮至收汁。
03 … 加入龍舌蘭糖漿和鹽調味。
04 … 離火，加入艾斯佩雷產辣椒粉拌勻。

越南風味番茄醬

以越南風味爲靈感，添加八角和豆蔻，使番茄醬散發出濃烈的香氣。

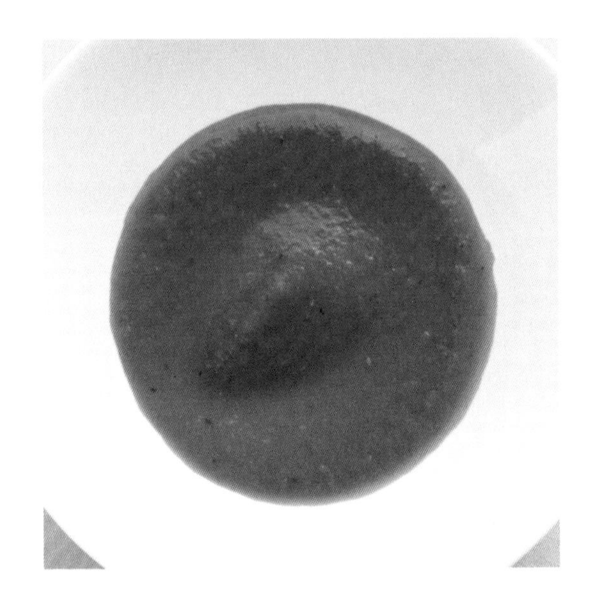

料理主廚

内藤千博 ｜ Ăn Đi

料理應用

羊肋排配越南番茄醬 [p. 116]

蔬菜　水果　香料

｜材料｜

洋蔥 … 280g
蘋果 … 580g
薑 … 80g
橄欖油 … 適量
整顆番茄 … 2.5kg
冰糖 … 160g
鹽 … 5g
酢橘汁（スダチ果汁）… 50g
魚露 … 130g
小豆蔻（cardamom）… 10粒
八角 … 6顆
葛縷籽（caraway seeds）… 10g

｜作法｜

01 … 將洋蔥、蘋果和薑以食物處理器打碎，放入熱橄欖油的鍋中炒香。

02 … 將其他材料加入01的鍋中。煮至香料香氣溢出且醬汁可附著在湯匙背，並留下痕跡時，慢慢收汁至稍微流動爲止。

03 … 用均質機將02攪打均勻，然後過篩。

紅色蘿蔔醬汁

將紅色蘿蔔乾的風味和色澤融入魚湯中，賦予了這款醬汁鮮明的香氣和色彩。

料理主廚

篠原和夫 | Restrant Kazu レストラン カズ

料理應用

適合搭配蒸鱈魚等菜餚

蔬菜　酒精　海鮮

| 材料 |

紅色蘿蔔乾（紅くるり大根）* … 60g
水 … 500mL
細切紅蔥頭 … 2小匙
苦艾酒（vermouth,Noilly prat）
… 20mL
魚高湯（fumet de poisson）… 50mL
芥花籽油 … 適量

*— 將紅色蘿蔔用刨絲器切成薄片，然後在食物乾燥機中乾燥，以濃縮其甜味。

| 作法 |

01 … 紅色蘿蔔乾浸泡在水中10～15分鐘，煮出有顏色與甜味的湯汁。
02 … 過濾01，煮至體積減少至原來的1/5。
03 … 將切碎的紅蔥頭、苦艾酒和魚高湯（省略解說）加入鍋中，煮至體積減少至原來的1/3。
04 … 將02加入等量的03中混合均勻。
05 … 根據04的份量，添加1/3量的芥花籽油。

味噌濃湯醬（bisque sauce）

將濃湯醬以奶油和西京味噌混合調製，最後打成泡沫狀，使口感輕盈。

料理主廚

篠原和夫 | Restrant Kazu レストラン カズ

料理應用

適用於各種甲殼類料理

甲殼類　海鮮　蔬菜　其他

| 材料 |

大蒜 … 適量
甲殼類的殼 … 適量
濃縮番茄糊（tomato concentrate）
… 30g
整顆番茄 … 400g
洋蔥 … 適量
西洋芹 … 適量
胡蘿蔔 … 適量
魚高湯（fumet de poisson）… 2L
香草（龍蒿estragon、巴西利、
月桂葉等）… 適量
香料（小荳蔻cardamom、芫荽、
八角、乾辣椒等）… 適量
紅蔥頭 … 1大匙
白蘭地 … 30mL
番紅花 … 適量
鮮奶油（乳脂肪45%）… 100mL
奶油 … 30g
西京味噌 … 20g

| 作法 |

01 … 鍋中加熱橄欖油（適量）和大蒜，將甲殼類的殼炒香。

02 … 把01倒入烤盤中，放入預熱至200℃的烤箱烘烤，烤至殼易碎為止。

03 … 把02甲殼類的殼倒入鍋中，加入濃縮番茄糊和整顆番茄煮至收汁。

04 … 加入切成5mm大小的洋蔥、西洋芹、胡蘿蔔、魚高湯（省略解說）、香草和香料，煮沸1小時以上。

05 … 將04離火，用濾網過濾。此時，用擀麵棍壓碎殼並澈底過濾湯汁。

06 … 在鍋中加入切碎的紅蔥頭和白蘭地，焰燒（flambé）。

07 … 在06中加入05和番紅花，煮至剩下原來的2/3。

08 … 將07與鮮奶油和奶油混合，加入西京味噌，用手持均質機打至產生泡沫。

燉蔬菜冰淇淋（ratatouille glacée）

透過製作成冰淇淋，展現口感、溫度和風味的變化。

料理主廚

江見常幸｜ Espice エスピス

料理應用

鮪魚×柳橙×燉蔬菜 (ratatouille) [p. 117]

蔬菜

材料

大蒜…1顆
洋蔥…2顆
甜椒（紅色•黃色）…各2個
櫛瓜…2條
茄子…2條
柳橙泥（concentrée）…20g
整顆番茄…1罐
鹽…適量
白胡椒…適量
百里香…適量

作法

01…在鍋中加熱橄欖油（適量），加入切碎的大蒜炒香。

02…加入切片的洋蔥、甜椒、櫛瓜和茄子炒熟，加入柳橙泥和整顆番茄燉煮2小時。用鹽、白胡椒調味，加入百里香。

03…待涼後，用手持均質機攪打成泥狀，過篩。

04…將03倒入Pacojet專用容器中冷凍，然後放入Pacojet中攪拌製作成冰淇淋。

法式酸辣醬（ravigote）

使用乾燥和新鮮2種番茄，強調鮮美風味。

料理主廚

後藤祐輔 ｜ AMOUR アムール

料理應用

這款萬能醬汁特別適合與馬鈴薯等味道淡的食材搭配

蔬菜　肉　醋

｜材料｜

A

- 大蒜 … 2g
- 紅蔥頭（shallot）… 40g
- 醃黃瓜（cornichon）… 40g
- 酸豆（醋漬）… 40g
- 水果番茄（連皮和籽）… 100g
- 乾燥番茄 … 20g

白葡萄酒醋（bouteville,6年熟成）… 15g

白巴薩米克醋 … 15g

雞肉清湯（consommé de volaille）… 40g

蜂蜜 … 5g

檸檬汁 … 3g

辣椒醬（Tabasco）… 適量

｜作法｜

01 … 將A的所有材料切成細末，放入碗中。

02 … 將剩餘的材料全部加入碗中，攪拌均勻。

稻稈燻番茄與喀什米爾辣椒的阿查醬

稻稈燻製的香氣引出乾燥番茄和乾燥紅辣椒的鮮美風味。

料理主廚

本田 遼 | OLD NEPAL オールド ネパール

料理應用

炭烤鹿肉 Sekuwa [p. 208]

蔬菜 香料 油

| 材料 |

A（數字爲比例）

稻稈燻乾燥番茄*1 … 2

稻稈燻乾燥紅甜椒*2 … 1

稻稈燻乾燥喀什米爾辣椒（Kashmiri chilli）*3 … A材料重量的10%

大蒜 … A總重的10%

薑 … A總重的10%

鹽 … A總重的3%

葵花油 … A總重的500%

*1、2— 各自與點燃的稻稈一起放入85℃的煙燻箱中，經過約3小時後取出稻稈，然後放置一晚使其乾燥。

*3— 同上，用稻稈燻後，再用食品乾燥機乾燥。

| 作法 |

01 … 將A材料混合。

02 … 將其他材料全部加入01的混合物中，使用食物處理機攪打至順滑。

料理應用 >>>

半熟明蝦·
佐胡蘿蔔千層、
番茄果凍和
青蘋果

料理主廚

田熊一衛 ｜ L'éclaireur レクレルール

使用醬汁

異國風味醬汁 [p. 088]

「這道菜在套餐中提供，目的在讓味蕾重新設定，因此醬汁是關鍵。」田熊主廚說道。因此，將明蝦烤至半熟略生的程度，搭配輕微發酵的胡蘿蔔絲和青蘋果、番茄果凍，組合成一款清爽的沙拉。中間散布著酥脆的春捲皮，再以西洋芹葉和食用花裝飾。醬汁是以濃縮龍蝦高湯爲基底，加入香茅和檸檬葉的香氣，用白巴薩米克醋調出酸味，再用葡萄籽油攪打至乳化。這道菜結合濃郁的龍蝦與異國風味，既清爽又令人印象深刻。

比目魚與
墨西哥胡椒葉
發酵番茄的
檸汁醃生魚（Aguachile）

料理主廚

木屋太一 佐藤友子 ｜ KIYAS キヤス

使用醬汁

Mexican pepperleaf發酵番茄醬 [p. 089]

紅芯蘿蔔和仙人掌的莎莎醬 [p. 094]

「Aguachile」是西班牙語，直譯爲「辣椒水」，但實際上指的是「帶有豐富醬汁的生魚片」。在這裡，我們使用鹽發酵的水果番茄、撒在上面的墨西哥胡椒葉粉（Mexican pepperleaf）（又稱Hoja santa，是胡椒的一種，葉子用作香料）和辣椒粉作爲醬汁。魚類使用的是熟成數日的比目魚肉和稍微烤過的魚鰭邊肉。爲了不干擾魚的風味，避免使用過於辛辣或香味過重的辣椒，而是選擇了來自法國巴斯克的「艾斯佩雷產辣椒粉piment d'Espelette」。據說這種辣椒在大航海時代從墨西哥引進到歐洲，並在巴斯克地區種植。另一種醬汁是用新鮮的紅芯蘿蔔和醃漬仙人掌製作的「莎莎醬pico de gallo」，爲味道和口感增添了層次。

烤藍龍蝦
佐乳化醬汁
及蘑菇

料理主廚

飯塚隆太 | Restaurant Ryuzu レストラン リューズ

使用醬汁

龍蝦乳化醬汁 [p. 090]

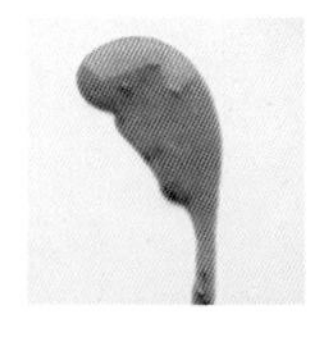

喬埃·侯布雄(Joël Robuchon)主廚的「小龍蝦醬汁」啟發了飯塚主廚，他利用味道更加濃郁且具有高級感的龍蝦膏製作了進階版的「龍蝦美乃滋」，並搭配烤龍蝦，充分展現龍蝦的魅力。這道醬汁是在龍蝦高湯(fond de homard)中加入龍蝦膏奶油，賦予甜味和鮮豔的紅色以及乳製品的濃郁口感，再加入檸檬汁增添酸味。盤中還搭配了炒綠蘆筍、炒黃雞油蕈(girolle)和黑喇叭蕈(trompette de la mort)，呈現出多樣的色彩和口感。

酥皮烤鱸魚
佐修隆醬

料理主廚

石崎優磨 | Yumanité ユマニテ

使用醬汁

修隆醬 [p. 097]

羅勒油 [p. 045]

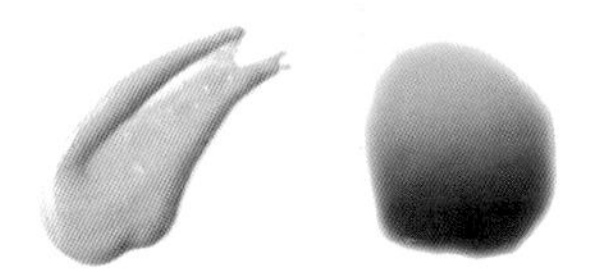

這道經典菜餚是根據保羅•博古斯(Paul Bocuse)主廚的拿手料理改編而來,保留了傳統的風味,並賦予其現代的表現。「修隆醬sauce choron」是將蛋黃、紅蔥頭濃縮汁(échalote réduction)、濃縮番茄糊(tomato concentrate)和澄清奶油(clarified butter)在熱水浴中攪拌而成的經典醬汁。然而,這次將奶油的用量減少,並用羅勒油代替部分脂肪,以點描的方式呈現,讓這道醬汁像薩巴雍(sabayon)一樣口感輕盈,並且帶有清爽的香氣,表現出輕快的感覺。此外,「包裹酥皮」則是將鱸魚片和慕斯之間夾入蒸煮香菇,再用生火腿和高麗菜包捲,最後裹上酥皮。這道菜按照用餐人數的不同,會以2～3人的份量烤製。

鯛魚
佐扇貝
和雪蟹慕斯

料理主廚

青木 誠 | Les Frères AOKI レフ アオキ

使用醬汁

紅酒醬 [p. 098]

這道菜引人注目的是「beurre blanc奶油醬汁」的紅酒變奏版，淋在盤子上。青木主廚表示:「希望這種讓人猜測『這是什麼味道？』的嶄新色調能激發想像力，讓大家享受視覺與味覺的反差。」這道菜的主角是鯛魚，魚身抹有混入雪蟹肉的扇貝慕斯，並點綴了魚子醬。醬汁是用紅蔥頭加紅酒醋煮至濃縮，再加入紅酒進一步煮至濃稠，最後用奶油和波特酒增添香氣。雖然顏色鮮豔奪目，但味道卻給人一種經典的安心感，呈現出經典而美味的感覺。

龍蝦、李子、和牛生火腿佐魚子醬和海膽，以及大黃和番茄慕斯，以洛神花點綴

料理主廚

山本聖司 ｜ La Tourelle ラ・トゥーエル

使用醬汁

洛神花泡沫 [p. 101]

番茄果凍 [p. 068]

山本主廚認爲龍蝦、番茄和洛神花的組合非常搭配，這道冷前菜結合了李子、和牛生火腿、魚子醬和海膽等食材，鮮紅色的泡沫讓人留下深刻印象。盤子中央的凹槽倒入的醬汁，是將東南亞“南薑”的風味轉移到番茄精華中，再輕微凝固成爲果凍。這樣可以隨著不同食材的搭配，享受多樣的味道變化。分散在幾處的紅色洛神花泡沫，散發著淡淡的甜香。除此之外，還有洛神花茶的粉末以及大黃與番茄慕斯，爲這道菜增添了更多層次的口感和味道。

羊肋排配
越南番茄醬

料理主廚

內藤千博 | Ăn Đi

使用醬汁

越南風味番茄醬 [p. 103]

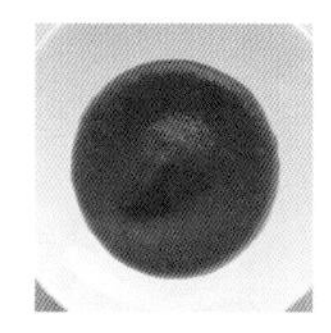

使用魚露和辣椒粉等製作的甜辣醬汁醃漬後，再用烤箱快速烤製的小羊肋排。即使不加任何調味也已經非常美味，但如果蘸上以越南風味爲靈感製作的「越南風味番茄醬」，內含小豆蔻、八角和葛縷子，鮮明的香味會讓味道產生變化，讓這道豐富的肉料理不膩口。搭配紅芥菜葉增加辛辣和苦味，再加上香菜葉、檸檬葉（kaffir lime leaf）粉末以及自製混合香料，使這道主菜充滿多層次的香氣和口感。這種燒烤風格的料理靈感來自內藤主廚在越南街頭看到的炭火烤肉。

鮪魚×
柳橙×
燉蔬菜（ratatouille）

料理主廚

江見常幸 ｜ Espice エスピス

使用醬汁

燉蔬菜冰淇淋 [p. 106]

以牧草和檜木燻製的鮪魚搭配水茄子和黑蒜泥，製作出香氣濃郁的美味韃靼（tartare）。爲了增加更多蔬菜的特殊風味，特別加入了「燉蔬菜冰淇淋 ratatouille glacée」作爲“醬汁”。將普羅旺斯燉蔬菜製作成冰淇淋狀態，是爲了讓其逐漸融化成泥狀，與鮪魚韃靼更好地融合，從而享受味道變化以及溫度和口感的不同體驗。鮪魚韃靼上放置甜菜脆片，並撒上甜菜和乾燥鮪魚的粉末，增加脆爽口感、甜味和濃郁的鮮味。由於風味和口感多樣，爲了避免菜餚給人散漫的印象，在鮪魚韃靼和普羅旺斯燉蔬菜中都加入了柳橙泥，利用其酸味將整道菜統整起來。

chapter 5

淡褐色醬汁

朝鮮薊醬汁

將煮得香味四溢的朝鮮薊與蘑菇炒在一起，這是一款「配菜兼醬汁」。

料理主廚

佐々木直步｜ recte レクテ

料理應用

藤本先生的石斑魚配朝鮮薊和夏季蘑菇燉菜

[p. 149]

蔬菜　菇蕈　海鮮　肉

｜材料｜

特級初榨橄欖油 … 適量
奶油 … 適量
大蒜 … 少量
洋蔥 … 適量
月桂葉 … 適量
百里香 … 2g
芫荽籽 … 適量
朝鮮薊 … 2個
白酒 … 適量
皺皮牛肝蕈（アカヤマドリ）的菇柄
　… 適量
乳茸（チチタケ）* … 適量
雞高湯 … 200mL
石斑魚高湯 … 150mL
蔬菜高湯（bouillon de legumes）
　… 150mL

*— 乳茸是一種夏～秋季採摘的蘑菇，表面刮傷後會滲出白色液體，具有香味。

｜作法｜

01 … 在鍋中加熱特級初榨橄欖油和奶油，加入切碎的大蒜和洋蔥、月桂葉、百里香、芫荽籽，慢慢炒香。

02 … 在01中加入切成一口大小的朝鮮薊，倒入白酒，煮至酒精揮發。

03 … 在02中加入切碎的菇柄和乳茸、雞高湯，煮至朝鮮薊變軟。

04 … 在03中加入石斑魚高湯、蔬菜高湯（均省略解說）和百里香（分量外），讓香味滲透。

蛤蜊高湯醬汁

以魷魚和烤塊根芹的口感，搭配醃漬茴香的溫和酸味，展現多樣風味。

料理主廚

田熊一衛｜L'éclaireur レクレルール

料理應用

柴燒白肉魚

海鮮　蔬菜

｜材料｜

魷魚 … 50克
烤過的塊根芹（celery root, 撒岩鹽烤）
… 50g
蛤蜊清湯 … 180g
昆布水 … 80g
自製芥末籽醬 … 15g
平葉巴西利 … 8g
醃漬茴香* … 15g
鹽 … 適量
胡椒 … 適量

*— 將茴香頭切成適當大小的塊狀，浸泡在混合了白葡萄酒醋、糖、鹽、自製混合香料的醃漬液中，放置於常溫下約2週。

｜作法｜

01 … 清理魷魚，切成小方丁。

02 … 將烤過的塊根芹切成和01相同大小的丁狀。

03 … 燒熱鍋中的沙拉油（分量外），輕輕炒01和02。加入蛤蜊清湯和昆布水（均省略解說），混合。

04 … 在03中加入自製芥末籽醬、切碎的平葉巴西利和醃漬茴香，攪拌均勻。用鹽和胡椒調味。

馬頭魚高湯醬汁

加入蛤蜊高湯慢慢熬煮，疊加出清爽的美味。

料理主廚

後藤祐輔｜AMOUR アムール

料理應用

馬頭魚鱗烤。搭配蘑菇的土瓶蒸

海鮮　酒精　肉

材料

馬頭魚高湯

- 馬頭魚的魚頭和骨 … 10條份
- 利尻昆布 … 15g
- 青蔥（蔥綠部分）… 2根
- 薑 … 60g
- 清酒 … 200g
- 蔬菜清湯 … 200g
- 水 … 適量
- 鹽 … 適量
- 魚露 … 適量

蛤蜊高湯

- 蛤蜊 … 1kg
- 利尻昆布 … 10g
- 水 … 適量

完成

- 鹽 … 適量

作法

01 … 製作馬頭魚高湯。將馬頭魚的魚頭和骨放在小火上烤，慢慢排出水分。

02 … 在鍋中放入01、利尻昆布、切好的蔥綠和薑、清酒，加熱後揮發酒精。

03 … 在02中加入蔬菜清湯（省略解說）、水、鹽、魚露調味，煮沸後續煮約1小時，不要讓其沸騰。然後將湯汁過濾。

04 … 製作蛤蜊高湯。在鍋中放入蛤蜊、利尻昆布和足夠覆蓋食材的水，加熱至85℃。維持溫度後續煮約1小時，然後過濾。

05 … 將03的馬頭魚高湯和04的蛤蜊高湯以2：1的比例混合，用鹽調味。

鮎魚醬

將鮎魚（香魚）整個緩慢地炒香，使其風味凝縮，再打成泥狀。

料理主廚

後藤祐輔｜AMOUR アムール

料理應用

將鮎魚片製成春捲、製作鮎魚燉飯。使用蛤蜊高湯稀釋成絲絨濃醬（velouté）

海鮮　肉　乳製品

｜材料｜

大蒜…1.5g
橄欖油…30g
鮎魚…220g
白蘭地…40g
蛤蜊高湯*…190g
雞肉清湯（consommé de volaille）…50g
鮎魚醬（アユ魚醤）…7g
鮮奶油（乳脂肪40%）…80g

*— 將蛤蜊、利尻昆布和水放入鍋中，加熱至85°C。保持溫度煮約1小時，然後過濾。

｜作法｜

01…將切碎的大蒜和橄欖油加熱，加入整尾鮎魚，用小火炒約30分鐘，直到水分蒸發乾燥，使風味濃縮。

02…當鍋底變得金黃並散發出香氣時，加入白蘭地，揮發酒精，然後加入蛤蜊高湯、雞肉清湯（省略解說）、鮎魚醬，煮至半量。

03…使用手持均質機攪打02，然後過濾。

04…取150g的03放入鍋中加熱，加入鮮奶油，煮至沸騰。

香草醋汁

使用3種醋和3種油，賦予傳統醬汁多層次的風味。

料理主廚

今橋英明｜ Restaurant L'aube レストランローブ

料理應用

鎌倉蔬菜沙拉 [p. 150]

｜材料｜

白酒醋 … 50g
雪莉酒醋 … 50g
覆盆子醋 … 50g
鹽 … 7.5g
白胡椒 … 適量
芥末醬 … 40g
葡萄籽油 … 200g
橄欖油 … 200g
沙拉油 … 200g
紅蔥頭 … 3.5個

｜作法｜

01 … 在碗中混合白酒醋、雪莉酒醋、覆盆子醋、鹽、白胡椒、芥末醬。

02 … 在另一個碗中混合3種油，加入切成非常細的紅蔥頭末，然後與01混合均勻。

牛肉清湯和低脂酪乳泡沫醬汁

清澈的牛肉清湯搭配奶香與淡淡酸味，讓風味更加豐富。

料理主廚

今橋英明｜ Restaurant L'aube レストランローブ

料理應用

適用於小牛胸腺或小牛肉料理。秋季時也可搭配松露或蘑菇料理

肉　乳製品

｜材料｜

牛肉清湯

- 牛腿肉（絞肉）⋯ 2kg
- 蛋白 ⋯ 166g
- 粗鹽 ⋯ 6.3克
- 洋蔥（薄切）⋯ 200g
- 西洋芹（薄切）⋯ 66g
- 番茄（切丁）⋯ 16g
- 百里香 ⋯ 適量
- 月桂葉 ⋯ 適量
- 雞高湯 ⋯ 3L

完成

- 低脂酪乳（low fat buttermilk タカナシ乳業㈱製）* ⋯ 適量
- 鮮奶油（乳脂肪35%）⋯ 少量
- 牛奶 ⋯ 少量

*—這是模仿歐美常用於酪乳鬆餅等的"Cultured Lowfat Buttermilk"產品。主要成分為脫脂濃縮乳、鮮奶油和食鹽。

｜作法｜

01 ⋯ 製作牛肉清湯。將牛腿肉絞肉、蛋白和粗鹽放入鍋中，充分混合。

02 ⋯ 加入洋蔥、西洋芹、番茄、百里香、月桂葉和雞高湯（省略解說），加熱並用木匙不斷攪拌以防鍋底燒焦，慢慢升溫。

03 ⋯ 當蛋白凝固，液體開始沸騰時，撈去浮沫，並在沸騰處開個洞，持續加熱3～4小時以萃取風味。

04 ⋯ 將液體用濾網過濾，得到第一次清湯。

05 ⋯ 將過濾後的材料加入適量的水（材料能浮出水面），煮沸後再過濾，得到第二次清湯。

06 ⋯ 將第一次清湯和第二次清湯混合，放入冰箱冷藏1天。

07 ⋯ 將06冷藏後表層的脂肪去除，煮至風味濃縮。

08 ⋯ 將濃縮清湯與低脂酪乳等量混合，加入鮮奶油和牛奶。加熱至70～80℃，用手持均質機攪打至出現泡沫狀。

濃縮牡蠣風味調味醬

這款調味醬透過多次煮沸和加水的過程來濃縮風味，非常適合搭配富含礦物質的蔬菜。

料理主廚
今橋英明 ｜ Restaurant L'aube レストランローブ

料理應用
鎌倉蔬菜沙拉 [p. 150]

海鮮　肉

材料

牡蠣風味糊
- 奶油 … 適量
- 大蒜 … 適量
- 牡蠣肉 … 500g
- 水 … 適量

完成
- 大蒜 … 1瓣
- 義大利魚露（colatura）… 25g
- 特級初榨橄欖油 … 100g
- 鮮奶油（乳脂肪35%）… 適量

作法

01 … 製作牡蠣風味糊。將奶油和切碎的大蒜放入鍋中加熱，加入牡蠣肉，炒至水分蒸發。期間不時將鍋底沾黏的精華刮起，繼續加熱直到牡蠣變成糊狀。

02 … 加入適量的水至幾乎淹沒牡蠣，溶出鍋底精華（déglacer）繼續加熱，直到水分再次蒸發，牡蠣再次變成糊狀。

03 … 重複02步驟2次。

04 … 將03的牡蠣糊200g與所有完成用的材料放入食物料理機，攪打至光滑均勻。

石狗公醬汁

利用烹煮石狗公時的湯汁，加上茴香酒（Pernod）的香氣，製作出美味濃郁的醬汁。

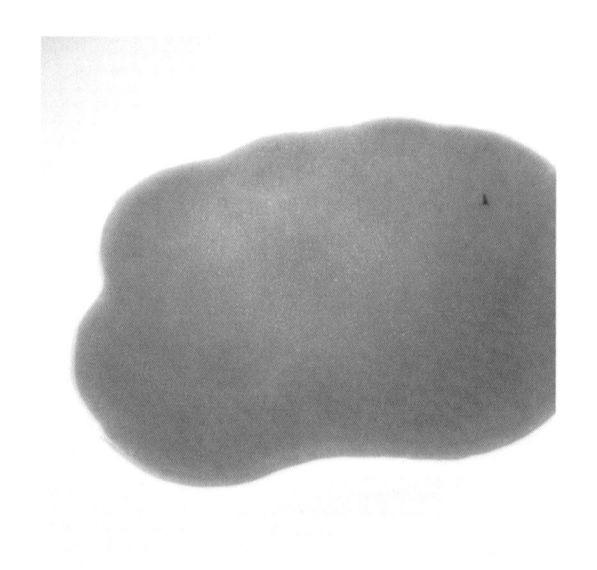

料理主廚

谷 昇｜ Le Mange-Tout ル・マンジュ・トゥー

料理應用

普羅旺斯風石狗公 (Provence style)

[p. 078]

海鮮　乳製品　酒精

｜材料｜

石狗公的煮汁*… 1L
奶油… 100g
茴香酒（Pernod）… 50mL
番紅花（saffron）… 1小撮

*— 煮汁的製作方法：將石狗公去鱗、去內臟後，淋上200℃的沙拉油，讓表面變脆。將處理過的石狗公和炸過的大蒜放入鍋中，加入足以浸泡石狗公一半的魚高湯（consommé de poisson）、白葡萄酒和奶油，然後在200℃的烤箱中加熱20～30分鐘，期間不時淋上湯汁。

｜作法｜

01… 將石狗公的煮汁過濾後倒入鍋中，煮沸後用廚房紙巾再次過濾，然後倒回鍋中繼續加熱。

02… 當煮汁再次沸騰後，轉小火，加入奶油和茴香酒，繼續煮至濃縮剩下一半的量。

03… 最後，加入少量茴香酒（分量外）和番紅花，繼續煮至混合均勻。

橄欖油和辣椒醬

雞肉糊混合了牛脂和辣椒油，製作成濃郁的醬汁。

料理主廚

本田 遼｜ OLD NEPAL オールド ネパール

料理應用

與其他阿查醬（achar）一起搭配水牛饃饃（尼泊爾蒸餃）

肉　乳製品　油

｜材料｜

A（數字爲比例）

- 雞肉糊*1 … 1
- 鮮奶油（乳脂肪分42%）… 2

牛脂（ギウ）*2 … A重量的7%

辣油*3 … A重量的7%

鹽 … 適量

黑胡椒 … 適量

*1— 用稻稈燻過的雞皮和用葵花油煎過的雞肉，與大蒜、生薑和黑胡椒一同放入同量的水中煮至軟爛，然後用手持均質機打成糊狀。

*2— 從水牛肉上切下來的脂肪熬製而成。

*3— 用葵花油與炒香的孜然（cumin）、葫蘆巴（fenugreek）、喜爾蒂姆胡椒（Sil Timur peppercorn）、大蒜和辣椒粉混合，並在85℃下加熱1小時，冷卻後即成。

｜作法｜

01 … 將A的雞肉糊與鮮奶油混合。

02 … 在01中加入牛脂、辣油、適量的鹽和黑胡椒，放入鍋中稍微煮至濃稠。

蘑菇煮汁

利用蘑菇煨煮的湯汁作爲醬汁，增強整道料理的濃郁、香氣和鮮味。

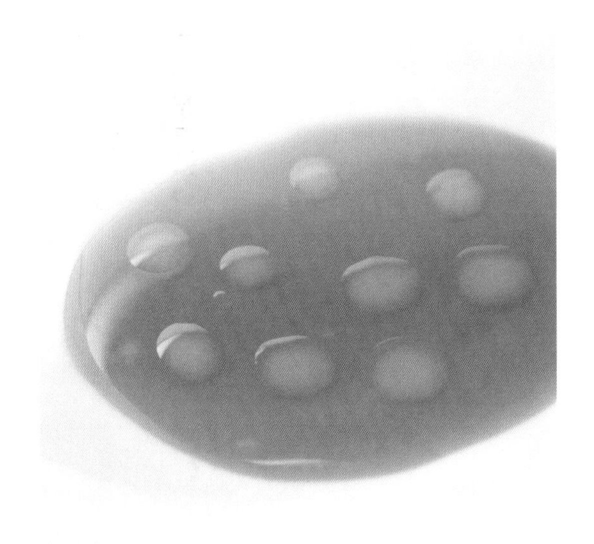

料理主廚

岸本直人｜naoto.K

料理應用

適合搭配燉鰻魚或炙燒熟成牛肉，佐蘑菇

菇蕈　肉

｜材料｜

奶油 … 30g
大蒜 … 1瓣
天然蘑菇（山梨縣產。雞油蕈 girolles、卵茸、櫻花紅菇等）… 160g
鹽 … 適量
黑胡椒 … 適量
雪莉酒醋（sherry vinegar）… 15mL
牛肉清湯（consommé de bœuf）… 75mL
特級初榨橄欖油 … 10mL

｜作法｜

01 … 將奶油和對半切開的大蒜放入平底鍋加熱，加入切成適當大小的菇類，炒至菇類仍保有口感。

02 … 在01中撒適量鹽和黑胡椒，加入雪莉酒醋。倒入牛肉清湯，用小火煮3分鐘，然後過濾。

03 … 在02中加入特級初榨橄欖油，並可依個人喜好加入切碎的龍蒿和巴西利（分量外）。

魚子醬的奶油白酒醬汁（beurre blanc sauce）

在上菜前加入鮭魚卵和魚子醬，使這道奶油白酒醬汁更顯奢華。

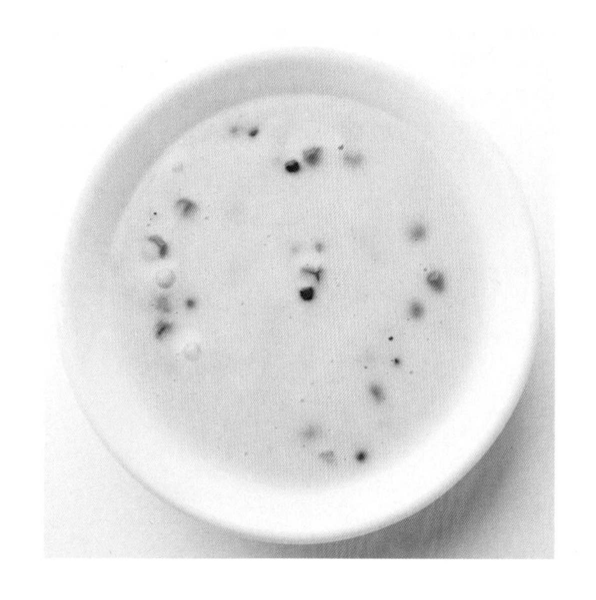

料理主廚

青木 誠｜ Les Frères AOKI レフ アオキ

料理應用

味道清爽的白肉魚料理

酒精　乳製品　醋　海鮮

｜材料｜

紅蔥頭⋯60g
白胡椒粒⋯少量
白葡萄酒醋⋯50mL
白葡萄酒⋯250mL
鮮奶油（乳脂肪35%）⋯100mL
奶油⋯80～100g
檸檬汁⋯適量
檸檬皮⋯適量
魚子醬（caviar）⋯2～3g
鮭魚卵⋯5g

｜作法｜

01⋯將切碎的紅蔥頭、壓碎的白胡椒粒和白葡萄酒醋放入鍋中煮滾。加入白葡萄酒繼續煮，直到液體幾乎蒸發殆盡。

02⋯在01中加入鮮奶油，混合後用濾網按壓過濾。

03⋯將02加熱並混入奶油攪拌。

04⋯在03中加入適量的檸檬汁和檸檬皮，在裝盤前加入魚子醬和鮭魚卵。

焦化奶油醬

這道醬汁是將魚的鮮味融入焦化奶油中，再加入雞肉清湯，使其風味更爲深厚。

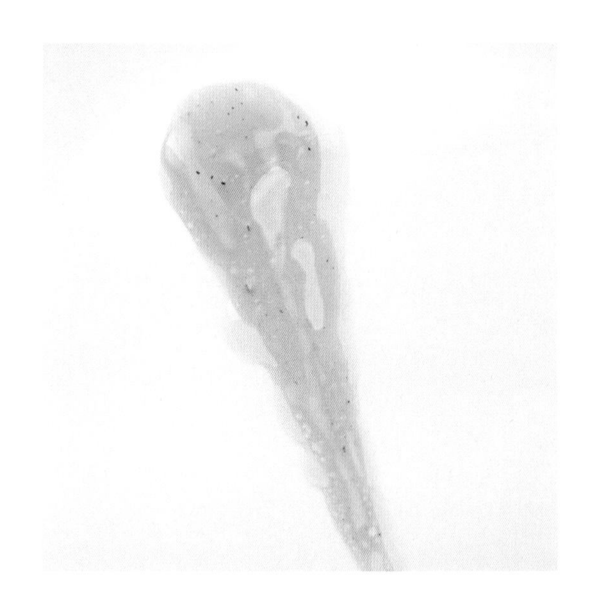

料理主廚

飯塚隆太｜ Restaurant Ryuzu レストラン リューズ

料理應用

適合搭配鮪魚的奶油香煎（meunière）等菜餚

肉　乳製品

｜材料｜

雞肉清湯（consommé de volaille）
… 90g
玉米澱粉 … 少量
焦化奶油* … 30g
鹽 … 適量
胡椒 … 適量
檸檬汁 … 8g

*— 用平底鍋加熱奶油製作焦化奶油，然後加入魚（飯塚主廚使用的是鮪魚）煎至香脆。煎魚後鍋中剩餘的油脂即為焦化奶油。

｜作法｜

01 … 在鍋中將雞肉清湯（省略解說）煮至剩下1/2的量。

02 … 在01中加入少量的玉米澱粉，一邊加熱一邊攪拌至濃稠，然後加入焦化奶油攪拌均勻。用鹽調味。

03 … 撒上胡椒，加入檸檬汁混合。

檸檬葉風味的羊肉汁

這道醬汁以檸檬葉(kaffir lime)的清香取代傳統的油脂，讓菜餚變得更輕盈且香氣撲鼻。

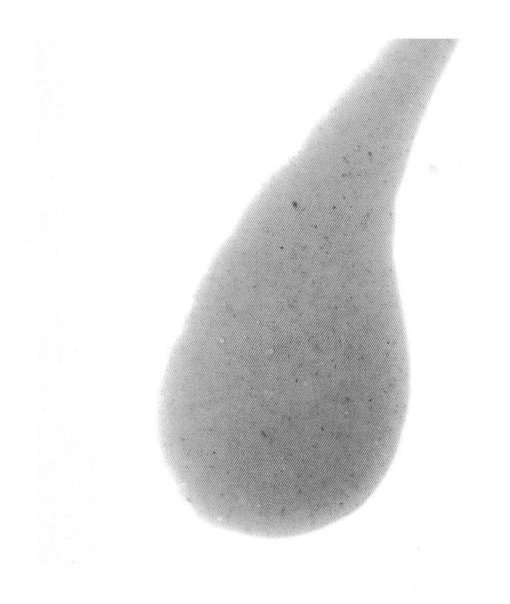

料理主廚

石崎優磨｜ Yumanité ユマニテ

料理應用

烤小羊肉

肉　香草

｜材料｜

小羊骨 … 300g
小羊肋條的脂肪 … 適量
大蒜 … 適量
百里香 … 適量
月桂葉 … 適量
巴西利莖 … 適量
紅蔥頭 … 150g
白酒 … 100mL
小羊肉汁(lamb jus) … 1L
檸檬葉 … 5片
鹽 … 適量
胡椒 … 適量
檸檬葉油* … 50g

*— 將葡萄籽油加熱至60°C，然後將撕碎的檸檬葉浸泡其中。

｜作法｜

01 … 將小羊骨敲碎、小羊肋條的脂肪放入熱的平底鍋中，以煎炸的方式加熱，注意不讓其焦黑，持續攪拌加熱。

02 … 加入壓碎的大蒜、百里香、月桂葉、巴西利莖和切碎的紅蔥頭，繼續翻炒。

03 … 倒入白酒溶出鍋底精華(déglacer)，然後煮至濃縮。

04 … 加入小羊肉汁(省略解說)，煮30分鐘，然後過濾。

05 … 將過濾的液體稍微煮至濃縮，加入檸檬葉讓其釋放香氣，然後再過濾。

06 … 供應前，用鹽和胡椒調味，加入檸檬葉油，稍微攪拌但不需乳化。

鼠尾草馬德拉醬

這道醬汁將馬德拉酒的濃郁和甜味與鼠尾草的清新香氣結合。

料理主廚

植木将仁｜ AZUR et MASA UEKI

料理應用

鄉間的禮物 [p. 151]

酒精　肉　香草

｜材料｜

馬德拉酒（Madeira）⋯ 50mL
小牛高湯（fond de veau）⋯ 50mL
鼠尾草葉 ⋯ 6片
鹽 ⋯ 適量
胡椒 ⋯ 適量

｜作法｜

01 ⋯ 將馬德拉酒倒入鍋中加熱，讓酒精揮發，並煮至剩約1/4量。

02 ⋯ 加入小牛高湯和鼠尾草葉，繼續加熱至剩約2/3分量，讓香氣釋放出來，然後用鹽和胡椒調味。最後過濾。

阿爾布費拉醬（sauce Albuféra）

這道醬汁將通常會一起混合的鮮奶油和松露各別提供，使其風味更加鮮明。

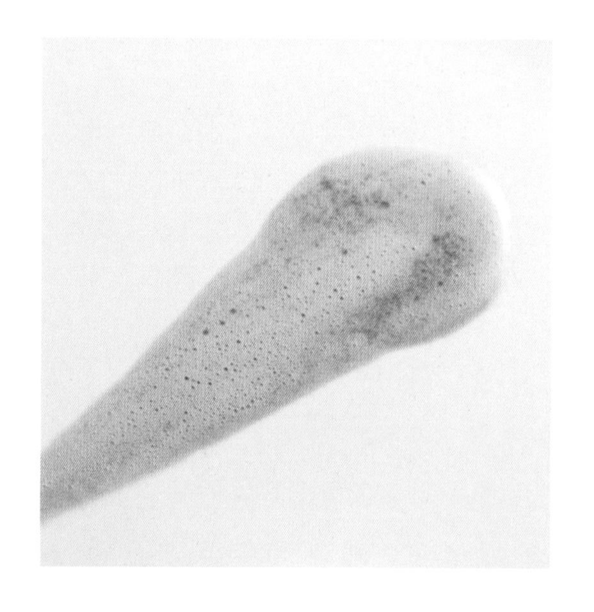

料理主廚

江見常幸｜ Espice エスピス

料理應用

可搭配松露鮮奶油（crème de truffe）一起享用，適合用於烤珠雞等料理

酒精　肉

| 材料 |

馬德拉酒 … 100mL
干邑白蘭地 … 100mL
蘑菇高湯（jus de champignon）
　… 100mL
珠雞高湯（jus de pintade）… 300mL
肥肝奶油（foie gras butter）* … 100g
鹽 … 適量
白胡椒 … 適量

*— 將油封（confit）肥肝（鴨肝）與等量的奶油混合，再冷藏至凝固。

| 作法 |

01 … 在鍋中混合馬德拉酒和干邑白蘭地，煮至濃縮。然後加入蘑菇高湯和珠雞高湯（均省略解說），繼續煮至濃縮到約1/3量。

02 … 加入肥肝奶油，攪拌至融合。用鹽和白胡椒調味。

苦艾酒醬汁 茴香酒增香

除了苦艾酒之外，還使用茴香酒和海苔來營造更濃郁的香氣。

料理主廚

郡司一磨｜ Saucer ソーセ

料理應用

裹上香草麵包粉烤的比目魚

海鮮 酒精 乳製品

｜材料｜

醬汁基底

- 紅蔥頭 … 60g
- 奶油 … 40g
- 香菇 … 60g
- 白胡椒粒 … 1g
- 苦艾酒（vermouth,Noilly prat）… 300mL
- 魚高湯（fumet de poisson）… 400mL
- 三重清湯（triple consommé）* … 100g
- 鮮奶油（乳脂肪 42%）… 150g

完成

- 奶油 … 醬汁基底的 1/5 量
- 茴香酒（pastis）… 適量
- 海苔 … 適量
- 鹽 … 適量

*— 將去血汙和清洗乾淨的雞骨頭、切塊的雞腿肉、香味蔬菜（mirepoix）、百里香、月桂葉、白胡椒粒、水一同放入大火加熱，煮開後轉小火，撇去浮沫，持續煮約 7 小時，濾去固體。再加入雞腿肉和香味蔬菜，大火煮沸，轉小火，撇去浮沫，繼續煮約 7 小時，濾去固體。將雞腿肉的絞肉、切碎的香味蔬菜、黑胡椒和少量蛋白加入，進行澄清過濾。

｜作法｜

01 … 鍋中加入切碎的紅蔥頭和奶油，炒香再加入香菇片和研磨的白胡椒，繼續炒香。

02 … 將苦艾酒和魚高湯（省略解說）加入鍋中，煮至水分幾乎收乾。

03 … 加入三重清湯和鮮奶油，稍微收汁後濾掉固體，做爲醬汁的基底。

04 … 在上桌前，將步驟03的醬汁基底加熱，加入奶油拌勻，用茴香酒增香，根據個人喜好加入適量海苔，再用鹽調味。

血醬汁（sauce au sang）

將傳統厚重且以血液增添濃厚口感的醬汁，改以清澈湯頭的方式製作。

料理主廚

谷 昇｜ Le Mange-Tout ル・マンジュ・トゥー

料理應用

聖萊熱（Saint Léger）烤鴿肉〔p. 152〕

肉

｜材料｜

鴿骨 … 20g
鴿內臟（胗、心臟、肝臟）… 合計20g
鴿翅 … 20g
蛋白 … 1小匙
鴨血 … 50mL
野味高湯（fond de game）… 50mL
水 … 300mL

｜作法｜

01 … 將鴿子的骨架（先在平底鍋中煎過再剁塊）、鴿子的內臟和用奶油輕輕炒過的鴿翅放入食物料理機，加入蛋白、鴨血、野味高湯（省略解說）和水，攪打直到所有材料均勻混合。

02 … 將步驟01倒入鍋中加熱。當鴿骨和內臟因加熱在液面浮現出茶色固體凝結時，離火，用廚房紙巾過濾後使用。

索甸甜白酒醬（sauce Sauternes）

這是一款華麗、甜美且香氣迷人的順滑醬汁。

料理主廚

青木 誠｜ Les Frères AOKI レフアオキ

料理應用

水煮龍蝦 炒菠菜［p. 153］

酒精　海鮮　乳製品

｜材料｜

紅蔥頭…30g
白酒醋…30mL
蘑菇…15g
白胡椒…7g
白酒…300mL
索甸甜白酒（Sauternes）…150mL
鮮奶油（乳脂肪35%）…100mL
番紅花…少量
貝類高湯（jeu de coquillage）…150mL
魚高湯（fumé de poisson濃縮後使用）…35mL
奶油…少量

｜作法｜

01… 在鍋中加入切碎的紅蔥頭、白酒醋、蘑菇片和白胡椒，煮至收汁。

02… 在01中倒入白酒和索甸甜白酒，煮至水份蒸發。加入鮮奶油和番紅花，熄火後靜置片刻，使香味融合。

03… 將02再次加熱至沸騰，濾去固體物質。

04… 在03中加入貝類高湯和濃縮的魚高湯（均省略解說），輕輕煮至濃稠。加入奶油拌勻，完成醬汁。

龍蝦醬汁 (sauce bisque)

以龍蝦高湯熬煮濃縮成濃郁的醬汁，減少油脂，讓口感清爽。

料理主廚

高木和也｜ ars アルス

料理應用

酥皮龍蝦佐奶油白酒醬汁 [p. 154]

甲殼類　肉　乳製品

｜材料｜

龍蝦高湯（fond de omar）*… 500mL
白色高湯（fond blanc）… 500mL
鮮奶油（乳脂肪 35%）… 100mL
鹽 … 適量

*— 鍋底放入龍蝦的殼，小火炒約 1 小時。加入切碎的洋蔥、西洋芹和番茄炒香，直至蔬菜變軟。加水至覆蓋龍蝦殼，大火煮沸後轉小火，煮至湯底減半，用網篩過濾。

｜作法｜

01 … 龍蝦高湯中加入白色高湯（省略解說），加入鮮奶油煮至濃稠。

02 … 以鹽調味。

蛋黃醬（美乃滋）

用煮熟的蛋黃而不是生蛋黃，製作出更濃郁的風味。

料理主廚

JP Kawai ｜ AMPHYCLES アンフィクレス

料理應用

適合用於冷前菜。可以混合梅乾泥（purée）或薑

油　醋　蛋黃

｜材料｜

全蛋 … 2個
紅酒醋 … 50mL
鹽 … 4g
芥末籽醬 … 10g
橄欖油 … 200mL

｜作法｜

01 … 將冷藏的蛋放入沸騰的水中煮14分鐘。

02 … 將煮好的蛋放入冷水中冷卻，然後剝殼，放入食物料理機。

03 … 加入除了橄欖油外的所有材料，充分攪拌。

04 … 一邊攪拌一邊慢慢加入橄欖油，形成乳化的醬汁。

馬賽魚湯醬汁（bouillabaisse sauce）

充分提煉出龍蝦等海鮮濃厚且清爽的風味，呈現湯狀的醬汁。

料理主廚

岸本直人｜ naoto.K

料理應用

龍蝦料理

海鮮　甲殼類

材料

白肉魚的魚骨（比目魚或馬頭魚）⋯ 5kg
橄欖油 ⋯ 適量
香味蔬菜（mirepoix）
- 洋蔥 ⋯ 2個
- 茴香 ⋯ 1根
- 韭蔥 ⋯ 1根
- 西洋芹 ⋯ 1根

龍蝦高湯（fumet de homard）⋯ 12L
香料高湯* ⋯ 1.5L
番茄濃縮糊（tomate concentrée）⋯ 100g
龍蝦頭 ⋯ 5kg
茴香酒（Pernod）⋯ 適量
干邑白蘭地（cognac）⋯ 適量
葛粉 ⋯ 適量

*— 黑胡椒、茴香籽、香菜籽、小豆蔻、蒔蘿籽、八角、番紅花等香料與水混合，煮沸後蓋上蓋子，離火靜置約10分鐘，過濾。

作法

01 ⋯ 將白肉魚的魚骨放在烤盤上，淋上橄欖油，放入210℃的烤箱中烤至金黃色，瀝去油。

02 ⋯ 將切片的香味蔬菜用橄欖油炒香。

03 ⋯ 在鍋中加入01、02、龍蝦高湯、香料高湯、番茄濃縮糊，煮約1小時，過濾。

04 ⋯ 將龍蝦頭放在烤盤上，淋上橄欖油，在200℃的烤箱中烤約20分鐘，瀝去油，加入03。

05 ⋯ 在另一鍋中加入茴香酒和干邑白蘭地，加熱並焰燒（flambé），使其剩1/3量。

06 ⋯ 將05加入04，煮約1小時，然後用濾網過濾。

07 ⋯ 用水（分量外）調和的葛粉加入06勾芡。

焦化奶油醬汁（beurre noisette sauce）

在即將完成時加入雪莉酒醋，利用酸香味帶來輕盈感。

料理主廚

岸本直人｜naoto.K

料理應用

用於奶油煎（meunière）比目魚

乳製品

｜材料｜

焦化奶油（已過濾）⋯ 100g
大蒜 ⋯ 1小匙
鹽 ⋯ 適量
紅蔥頭* ⋯ 2小匙
檸檬果肉 ⋯ 1/4個
麵包粉 ⋯ 2小匙
雪莉酒醋 ⋯ 適量
巴西利 ⋯ 1/4包

*— 紅蔥頭切碎後需泡水30分鐘，再擠乾水分使用。

｜作法｜

01 ⋯ 將焦化奶油倒入平底鍋中加熱，加入切碎的大蒜（如果是奶油煎（meunière）比目魚，請使用煎過比目魚的平底鍋，僅需稍微擦掉油脂即可）。

02 ⋯ 當01中的奶油開始冒泡時，撒上鹽並加入紅蔥頭。

03 ⋯ 當02中的奶油再次冒泡時，加入切成5mm大小的檸檬果肉及麵包粉。

04 ⋯ 當03的油再次冒泡時，加入雪莉酒醋，感受到酸味揮發後，加入切碎的巴西利。

布列斯雞與龍蝦醬汁

這道醬汁結合了雞肉和龍蝦的高湯，並用干邑和白酒增添風味和酸度。

料理主廚

岸本直人｜ naoto.K

料理應用

布列斯雞燴龍蝦

肉　甲殼類

材料

布雷斯雞（poulet de Bresse）高湯
- 布雷斯雞的雞架 … 300g
- 奶油 … 70g
- 大蒜 … 5g
- 紅蔥頭 … 50g
- 百里香 … 2枝
- 月桂葉 … 1/2片
- 家禽高湯（fond de volaille）… 1L
- 小牛高湯（fond de veau）… 50mL

龍蝦高湯
- 龍蝦頭和殼 … 30隻分
- 奶油 … 70g
- 大蒜 … 5g
- 紅蔥頭 … 50g
- 龍蒿（estragon）… 1枝
- 月桂葉 … 1/2片
- 家禽高湯（fond de volaille）… 500mL

完成
- 干邑（cognac）… 100mL
- 茴香酒（Pernod）… 20mL
- 白葡萄酒 … 100mL
- 卡宴辣椒粉（poudre de Cayenne）… 少量
- 鮮奶油（乳脂肪35%）… 50mL

作法

01 … 製作布雷斯雞高湯。將雞架放入少許沙拉油（分量外）的平底鍋中炒香。

02 … 在鑄鐵鍋中加熱奶油，奶油冒泡時加入炒香的雞架、切半的大蒜、切片的紅蔥頭、百里香和月桂葉，並放入200℃的烤箱中加熱40～50分鐘。中途取出攪拌。

03 … 瀝乾02的油，加入家禽高湯和小牛高湯（均省略解說）。

04 … 將03放入200℃的烤箱中加熱40～50分鐘，取出並撈去浮沫。

05 … 製作龍蝦高湯。與製作布雷斯雞高湯的步驟相同，將龍蝦頭和殼用奶油炒香，加入香草並放入烤箱加熱，然後加入家禽高湯。

06 … 將干邑、茴香酒和白酒煮至濃縮蒸發，然後加入過濾後的04布雷斯雞高湯和05龍蝦高湯，煮至剩下1/4量。加入卡宴辣椒粉。

07 … 在06中加入打發至七分發的鮮奶油，輕輕混合（注意不需完全均勻）。如果味道不足，適量加入少許鹽（分量外）。

曼薩尼利亞雪利酒的奶油白酒醬汁
(sauce beurre blanc au xérès Manzanilla)

用帶有海潮香氣的雪莉酒，來提升海鮮的風味。

料理主廚

JP Kawai | AMPHYCLES アンフィクレス

料理應用

麵皮封牡蠣 [p. 155]

乳製品 **酒精**

| 材料 |

紅蔥頭 … 30g
雪莉酒（曼薩尼利亞Manzanilla產）
… 150mL
發酵奶油 … 200g
鹽 … 3g

| 作法 |

01 … 將紅蔥頭切成細末，與雪莉酒一起放入鍋中煮至水份蒸發。

02 … 在01中逐漸加入發酵奶油，攪拌至乳化，再用鹽調味。

茗荷與奧勒岡醬汁

爽脆的茗荷口感與奧勒岡香氣，相得益彰。

料理主廚
田熊一衛｜ L'éclaireur レクレルール
料理應用
柴燒的肉類

肉　蔬菜　香草

｜材料｜

白色高湯（fond blanc）… 150g
奧勒岡（oregano）… 1.2g
鹽 … 適量
胡椒 … 適量
葛粉 … 15g
醃漬茗荷* … 20g
細香蔥（ciboulette）… 10g

*— 將茗荷放入混合了白葡萄酒醋、糖、鹽、自製混合香料的醃漬液中，置於常溫下醃漬約2週。

｜作法｜

01 … 將白色高湯（省略解說）倒入鍋中，加入切碎的奧勒岡，撒上鹽和胡椒。加熱煮至約剩一半量。

02 … 用少量的白色高湯（分量外）溶解葛粉，加入01中，加熱並攪拌至濃稠。

03 … 將適量切碎的醃漬茗荷和細香蔥末加入02，混合均勻即可。

馬爾地夫魚和茉莉香米湯

利用昆布、蜆與馬爾地夫魚的豐富香氣熬製出高湯，並以米增添濃稠度。

料理主廚

山本聖司｜La Tourelle ラ•トゥーエル

料理應用

鱈魚和米片魚鱗造型　馬爾地夫魚和茉莉香米湯 [p. 156]

海鮮　其他

｜材料｜

昆布…30g
蜆…1kg
水…2L
馬爾地夫魚*1…50g
茉莉香米*2…100g

*1— 來自馬爾地夫共和國的特產，為鮪魚的加工品。主要用於斯里蘭卡料理，味道類似鰹魚乾。山本主廚使用粗碎片狀的馬爾地夫魚。

*2— 將茉莉香米從冷水開始煮40～50分鐘，然後用手持均質機打成粥狀。

｜作法｜

01… 將昆布、蜆和水放入鍋中，煮約1小時以熬出高湯。

02… 將馬爾地夫魚加入01中，煮至香氣溢出後，加入打成粥的茉莉香米以增添濃稠度。如果濃稠度不夠，可以加入少量的玉米澱粉（材料外）。

兔肉醬汁（lapin sauce）

以兔肉高湯熬煮，加上杏仁泥與蛋黃，製成濃稠的醬汁。

料理主廚

JP Kawai ｜ AMPHYCLES アンフィクレス

料理應用

中世風格的煮兔肉

肉　蛋黃　其他

｜材料｜

兔肉高湯*…250mL
杏仁糊（almond milk puree法國產）
…30g
蛋黃…1顆（20g）
檸檬汁…5mL
鹽…適量
發酵奶油…10g

*— 使用帶骨兔背肉、里脊肉、前腿、後腿與香味蔬菜在雞肉高湯中煮熟，並過濾出的高湯。

｜作法｜

01…將兔肉高湯煮至剩一半量。

02…在01中加入用杏仁糊調和的蛋黃。邊攪拌邊以小火加熱，直到蛋黃完全熟透。

03…使用手持均質機將02打勻，並用細網篩過濾。

04…將03重新倒回鍋中，加入檸檬汁。用鹽調味，最後加入發酵奶油攪拌均勻。

山葵葉的白酒奶油醬汁

山葵葉在最後加入，保留新鮮的香氣、鮮豔的顏色和獨特的口感。

料理主廚

後藤祐輔｜AMOUR アムール

料理應用

寒鰆魚・西京味噌和山葵 [p. 157]

蔬菜　酒精　醋　乳製品

材料

紅蔥頭…100g
白葡萄酒…300g
白葡萄酒醋…55g
奶油…10g
水…適量
鮮奶油（乳脂肪40%）…適量
檸檬汁…適量
山葵葉（煮熟並切碎）…7g

作法

01…切碎紅蔥頭，放入鍋中加入白葡萄酒和白葡萄酒醋，煮至水分幾乎完全蒸發。

02…另一個鍋子，加入1人分5g的01，加熱後加入奶油攪拌至乳化。用水、鮮奶油和檸檬汁調整味道和濃度。

03…供應前再將02加入山葵葉，輕輕攪拌均勻即可。

料理應用 >>>

藤本先生的石斑魚配朝鮮薊和夏季蘑菇燉菜

料理主廚

佐々木直步｜ recte レクテ

使用醬汁

朝鮮薊醬汁［p. 120］

愛媛縣今治市的漁夫，藤本純一先生直接送來的石斑魚，用炭火燒烤。用其魚骨熬製的高湯作爲基底製作醬汁。配菜是用奶油炒肉質厚實且味道濃郁的皺蓋牛肝蕈（アカヤマドリ）和乳茸（チチタケ），醬汁的作用是連接石斑魚與蕈菇。將朝鮮薊與香味蔬菜、香草及白酒一起煮成barigoule，再加入前述的石斑魚高湯、切碎的皺蓋牛肝蕈和乳茸製成。這樣的配菜和醬汁一起品嚐，讓整道菜更具統一感。

鎌倉蔬菜沙拉

料理主廚

今橋英明｜ Restaurant L'aube レストランローブ

使用醬汁

香草醋汁［p. 124］

濃縮牡蠣風味調味醬［p. 126］

蔬菜是今橋主廚以前在神奈川縣鎌倉的農場所種植。因爲那片田的土壤中使用了牡蠣殼，蔬菜也具有「礦物質感」，因此製作了結合牡蠣鮮味的秋冬料理。牡蠣用蒜味奶油炒至鍋底有些焦糖化的痕跡（sucs），再用水反覆溶出鍋底精華（déglacer），使風味濃縮，做成像熱蘸醬（bagna càuda）一樣的調味料。使用了10～15種蔬菜，分別進行生食、煮、烤等適合各自的調理方式。特別是風味相似的十字花科蔬菜，透過不同的烹調方式展現出不同的風味層次。加熱過的蔬菜搭配調味料，生食的蔬菜則搭配店裡的招牌油醋汁（vinaigrette），在一盤沙拉中營造風味變化，並刨上一些香檸檬皮（bergamot）。

鄉間的禮物

料理主廚

植木将仁 | AZUR et MASA UEKI

使用醬汁

鼠尾草馬德拉醬 [p. 133]

這道菜結合了鹿肉和鹿愛吃的蔬菜，「以模擬鹿在森林中覓食的場景」（植木主廚）。重點在於使用低壓眞空法（Gastrovac）將醬汁滲透到肉裡，而不是直接倒在盤子上，這樣可以使肉和醬汁更好地融合，使整個肉塊的味道更加均匀。這道菜使用了與鹿肉相融合的鼠尾草馬德拉醬，讓鼠尾草的清新香氣和馬德拉酒的濃郁甜味融入肉中。並且放上鼠尾草葉、核桃、奶油炒雞油蕈和來自塔斯馬尼亞的胡椒，食材搭配豐富多樣，增加了品嚐的樂趣。

聖萊熱（Saint Léger）烤鴿肉

料理主廚

谷昇｜Le Mange-Tout ル・マンジュ・トゥー

使用醬汁

血醬汁 [p. 136]

谷主廚大膽地將常規的血醬汁「sauce au sang」加以改良，以血液的連結增添了濃郁的風味和濃厚的質地。這款澄清透明的清湯型醬汁搭配了烤鴿肉。製作方法是將鴿的骨頭、殼、內臟、翅膀、蛋白、鴨血、野味高湯和水放入食物料理機中混合攪打，然後用類似清湯的方式加熱澄清。醬汁不刻意煮至濃稠，所以味道清爽，但同時也充分展現了鴿肉和醬汁的風味。

水煮龍蝦
炒菠菜

料理主廚

青木 誠｜Les Frères AOKI レフ アオキ

使用醬汁

索甸甜白酒醬 [p. 137]

這道料理靈感來自聖誕節，以「鮮紅的龍蝦、綠色的菠菜和襯托它們的乳白色醬汁」3種顏色爲主題。龍蝦簡單地用鹽水煮，菠菜則是用油炒。「甲殼類適合搭配甜味」，所以選用紅蔥頭(échalote)、白葡萄酒醋、白葡萄酒和等量的索甸甜白酒，再加上鮮奶油和番紅花製作成具有華麗甜香的索甸甜白酒醬(sauce Sauternes)。最後，加入魚高湯(fumet de poisson)和貝類汁(jus de coquillage)來增添鮮味，再用少量奶油提升濃郁度。醬汁呈現湯汁狀，盛裝於器皿中，並搭配麵包和湯匙一起上桌。

酥皮龍蝦
佐奶油白酒醬汁

料理主廚

高木和也 | ars アルス

使用醬汁

龍蝦醬汁 [p. 138]

高木主廚說：「雖然最近很少有餐廳會做以酥皮包裹後烘烤的料理，但這是一道餐廳獨特的菜餚。」也是會經常改變餡料內容的招牌菜。這裡使用小塊的龍蝦肉炒熟，再混合輕盈的干貝慕斯（mousse de coquille Saint-Jacques）作爲餡料，並注入濃湯（sauce bisque）。濃湯的基底龍蝦高湯（fond de homard）需要花費一小時煸炒龍蝦殼，然後與香味蔬菜一起慢慢熬煮至濃縮，使用的奶油和鮮奶油量較少。這道經典的龍蝦醬汁具有濃郁的風味，但後味卻清爽輕盈。

麵皮封牡蠣

料理主廚

JP Kawai | AMPHYCLES アンフィクレス

使用醬汁

曼薩尼利亞雪利酒的奶油白酒醬汁 [p. 143]

法文luter的意思是「用派皮等封住」。這道菜是將加入松露(truffe)碎的燉洋蔥(étuvée d'oignons nouveaux)和稍微燙煮的牡蠣(huîtres pochées),盛入牡蠣殼中,再蓋上殼,用麵皮封住四周,放入烤箱中烘烤。在客人面前,由Kawai主廚親自打開封口,淋上使用曼薩尼利亞雪利酒(xérès manzanilla)製作的白酒奶油醬(sauce beurre blanc),呈現的效果非常好。Kawai主廚說:「曼薩尼利亞雪利酒具有濃郁的海潮香氣,非常適合搭配牡蠣。」封住的麵皮是用奶油和雞蛋製成,並加入生火腿,烤成口感豐富的麵包。建議客人將麵包蘸滿醬汁來享用。

鱈魚和
米片魚鱗造型
馬爾地夫魚和
茉莉香米湯

料理主廚

山本聖司｜ La Tourelle ラ•トゥーエル

使用醬汁

馬爾地夫魚和茉莉香米湯 [p. 145]

「爲了使味道不單調，我總會在套餐中加入香氣的亮點元素。」山本主廚如此說道。這道菜的靈感來自日本料理的「あられ揚げ（炸小米果）」，將印度香米製成的米片（rice flakes）包覆在鱈魚的皮上，主要油炸皮的那一面，使其口感酥脆。醬汁則是使用昆布和蜆的高湯，再加入斯里蘭卡料理中廣泛使用、類似鰹魚乾的乾貨「馬爾地夫魚 Maldive fish」以增添香氣。此外，醬汁的靈感來自法國料理中以米作爲基底的蘇比斯醬汁（sauce Soubise），加入煮成粥狀的茉莉香米，使醬汁具有黏稠度。希望客人能享受鱈魚皮的酥脆口感，與醬汁黏稠感之間的對比。

寒鰆魚
西京味噌和
山葵

料理主廚

後藤祐輔｜ AMOUR アムール

使用醬汁

山葵葉的白酒奶油醬汁 [p. 147]

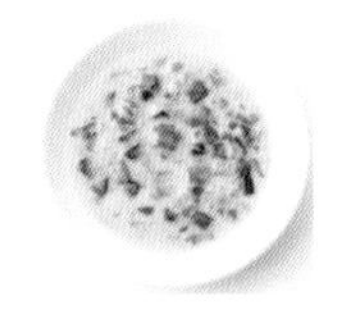

將脂肪豐富的冬季鰆魚用西京味噌醃漬，增添濃郁與甘美的味道，再烤至香脆，搭配清涼的山葵葉，製作出清爽的菜餚。醬汁的基底是白酒奶油醬汁（beurre blanc），在上桌前加入山葵葉，以展現其清新的香氣、鮮豔的色彩和爽脆的口感。濃縮的紅蔥頭不經過濾，保留作爲配料，與山葵葉一起成爲口感和味道的亮點。以山葵葉拌的蕪菁作爲口味的調和，最後淋上的油也帶有山葵葉的風味。以各種形式使用山葵葉，在一道菜中展現風味的統一性。

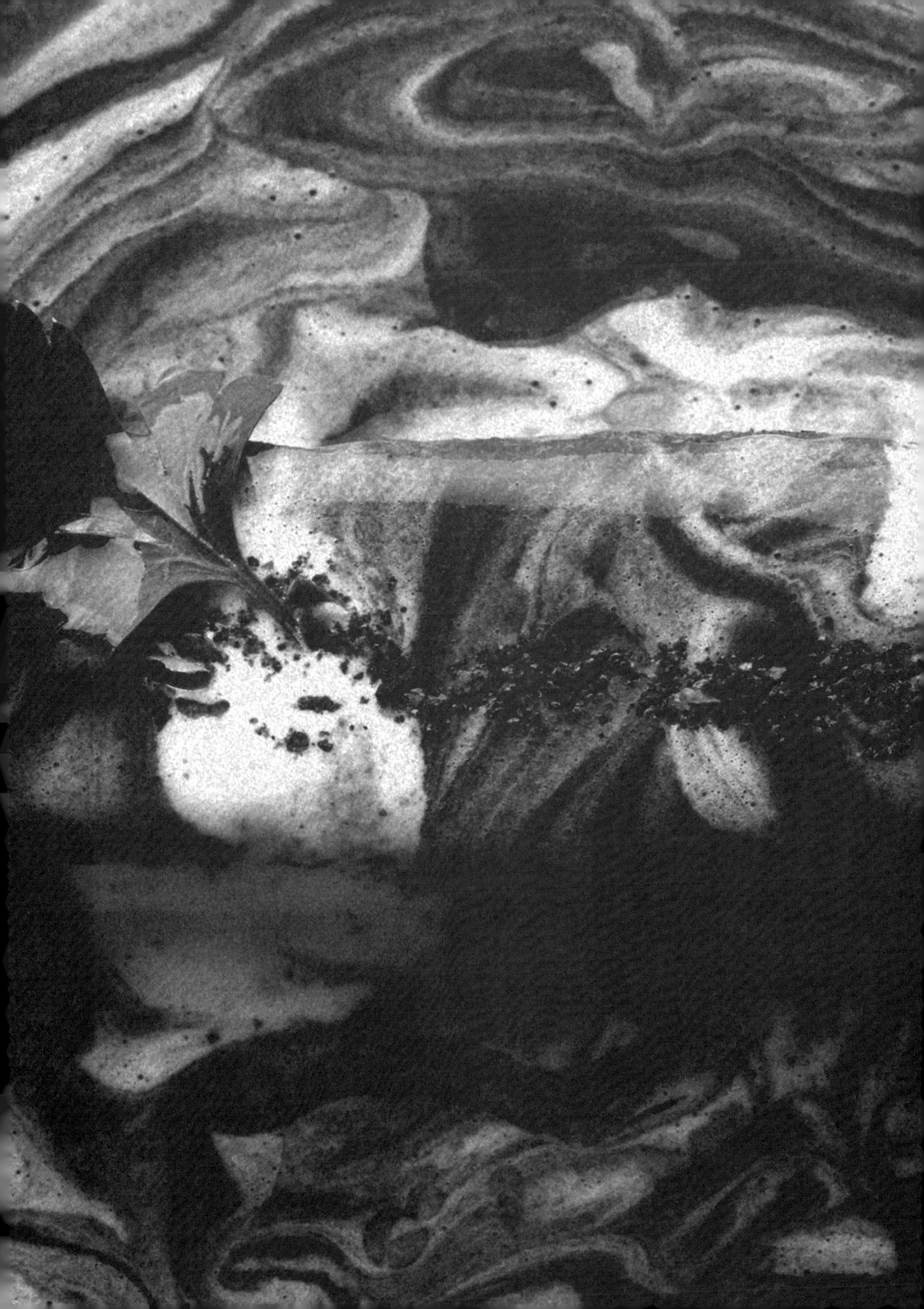

chapter 6

深褐色醬汁

加了赤味噌的香菇碎(duxelle)

赤味噌和香菇的組合，能和諧地突顯鴨肉的野性風味。

料理主廚

今橋英明｜Restaurant L'aube レストランローブ

料理應用

赤味噌香菇碎、帶有朴葉香氣的烤尾長鴨腿肉和香菇餡餅，搭配肝臟奶油鴨汁 [p. 198]

菇蕈　肉　其他

｜材料｜

奶油 … 適量
洋蔥 … 500g
鹽 … 適量
沙拉油 … 適量
香菇 … 250g
蘑菇 … 250g
胡椒 … 適量
鴨汁(jus de canard) … 200mL
赤味噌 … 適量

｜作法｜

01 … 在鍋中融化奶油，加入切碎的洋蔥和少量的鹽，小火加熱，炒至洋蔥呈淡棕色。

02 … 在另一個平底鍋中加熱沙拉油，將切片的香菇和蘑菇炒至略帶金黃色，用鹽和胡椒調味，移至托盤中放涼。

03 … 將炒好的香菇和蘑菇放入食物處理機打碎。

04 … 將03加入炒好的洋蔥中，繼續小火炒至水分蒸發。

05 … 加入鴨汁(省略解說)，煮至濃稠水份蒸發。

06 … 加入赤味噌，約占05重量的10%，攪拌均勻。

紅酒醬汁

僅使用紅酒和醋來充分引出鹿肉風味的醬汁。

料理主廚

谷 昇 | Le Mange-Tout ル・マンジュ・トゥー

料理應用

烤鹿肉

肉 酒精

| 材料 |

鹿骨 … 6～8kg
紅酒 … 2L＋200mL
紅酒醋 … 200mL
水 … 鹿骨的2倍量
雪莉酒醋 … 20mL
黑醋栗酒（crème de cassis）… 10mL
干邑白蘭地（cognac）… 20mL

| 作法 |

01 … 將切成適當塊狀的鹿骨放入160℃的烤箱，烘烤1小時，避免燒焦。

02 … 將烤好的鹿骨、2L紅酒、紅酒醋和水放入大鍋中，用大火煮沸，期間不斷撈去浮沫，然後轉小火慢煮12小時以上。煮好後，使用鋪有廚房紙巾的濾網過濾。取500mL過濾出的高湯備用。

03 … 將200mL紅酒和雪莉酒醋放入鍋中，煮至濃稠如鏡面狀。加入500mL步驟02的高湯，繼續煮至濃稠。

04 … 最後，加入黑醋栗酒和干邑白蘭地，混合均勻即完成。

紅酒與蘋果醬汁

在傳統的紅酒醬汁中加入酸味濃郁的青蘋果，強調香氣和果香。

料理主廚

青木 誠｜ Les Frères AOKI レフ アオキ

料理應用

適合搭配鹿肉或野豬等風味濃郁的紅肉料理

酒精　肉　水果

｜材料｜

紅蔥頭（échalote）… 150g
黑胡椒粒 … 5g
百里香 … 2枝
月桂葉 … 1片
紅酒醋 … 30mL
紅酒 … 750mL
小牛高湯（fond de veau）濃縮至半量 … 600mL
糖煮蘋果泥（compote）… 1/2小匙

｜作法｜

01 … 將切碎的紅蔥頭、黑胡椒粒、百里香和月桂葉放入鍋中翻炒，直至散發香氣，再加入紅酒醋，繼續煮至液體蒸發。

02 … 在01中加入紅酒，繼續煮至液體減少至幾乎蒸發，再加入濃縮的小牛高湯（省略解說），煮至紅酒的風味明顯時，用濾網過濾，同時壓碎殘渣。

03 … 在供應前再次加熱，加入糖煮蘋果泥，使醬汁更具濃稠度並調整味道。

星鰻精華醬汁

受壽司「ツメ tsume」*醬汁的啟發，將星鰻（穴子）的煮汁與白蘭地和馬德拉酒結合，製作出濃郁的醬汁。

料理主廚

岸本直人｜ naoto.K

料理應用

星鰻（穴子）燉煮

酒精　海鮮

｜材料｜

白蘭地（cognac）⋯ 150mL
茴香酒（pernod）⋯ 300mL
馬德拉酒（madeira）⋯ 80mL
星鰻（穴子）湯* ⋯ 30mL

*— 江戶前壽司特有，將海鰻、貝類等原料煮成濃湯，加入醬油、糖、味醂等熬煮而成，會用刷子在壽司上塗醬油或“ツメ tsume”，提供給顧客。

*— 直火烤過的星鰻（穴子）頭和骨，加上清酒（日本酒）、辣椒、切段的生薑、少量的淡醬油和水，煮15分鐘而成。

｜作法｜

01 ⋯ 在鍋中加入白蘭地、茴香酒和馬德拉酒，煮至液體幾乎蒸發。

02 ⋯ 加入星鰻（穴子）湯，繼續煮至液體減少至原來的1/5量，過濾3～4次。

鵪鶉醬汁

從日式烤雞肉的概念中汲取靈感，將鵪鶉高湯與醬油和味醂結合，並以焦化奶油增添風味。

料理主廚

郡司一磨｜ Saucer ソーセ

料理應用

鵪鶉 [p. 199]

肉

｜材料｜

醬汁基底

- 鵪鶉骨架…1kg
- 奶油…適量
- 三重清湯（triple consommé）[p. 135] …400g
- 水…600g

完成

- 三重清湯…20g
- 味醂…10g
- 醬油…30g
- 焦化奶油…適量
- 黑胡椒…少量

｜作法｜

01…製作醬汁基底。將鵪鶉骨架在烤箱中烤至香味四溢，然後轉移到平底鍋中，用大量的奶油炒至上色。

02…將三重清湯和水加入01中，煮沸後過濾。

03…煮沸02的混合物，並與過濾後剩餘的骨架一起再煮至接近燒焦之前，再次過濾。

04…將03的液體冷卻，會分為3層，並在冰箱中冷藏一日使其凝固。

05…去除最上層的油脂，並將中間層和最下層根據口味適量混合。

06…將100g的05、完成用的三重清湯、味醂和醬油混合加熱至有光澤。最後，加入混合了黑胡椒的焦化奶油進行攪拌乳化（mélange）。

柿子醬汁 蘭姆酒和角豆風味

這道醬汁透過煮熟的柿子，加上蘭姆酒和角豆，提升了甜美的風味。

料理主廚

今橋英明｜Restaurant L'aube レストランローブ

料理應用

適合搭配鵝肝醬或鵝肝冰淇淋等甜點

水果　酒精

｜材料｜

柿（熟透的）… 10個
水 … 適量
角豆粉（carob）* … 適量
蘭姆酒 … 適量

*— 角豆粉是由乾燥的角豆製成的粉末，具有類似巧克力的甜味。

｜作法｜

01 … 將柿子去皮，切成適當大小的塊，放入鍋中，加入足量的水以覆蓋柿子，然後加熱。

02 … 當水煮沸後，撈去浮沫，繼續煮約1小時。

03 … 用濾紙過濾煮好的柿子汁。

04 … 將柿子汁繼續煮至濃稠，味道充分釋放。

05 … 將煮好的柿子醬汁冷卻至室溫，確認濃稠度和味道後，倒入碗中，加入適量的角豆粉和蘭姆酒，調整香氣和甜味。

乾燥蔬菜和鮪魚柴魚醬汁

這道醬汁結合了鮪魚柴魚和乾燥蔬菜，帶來了強烈而深遠的鮮味。

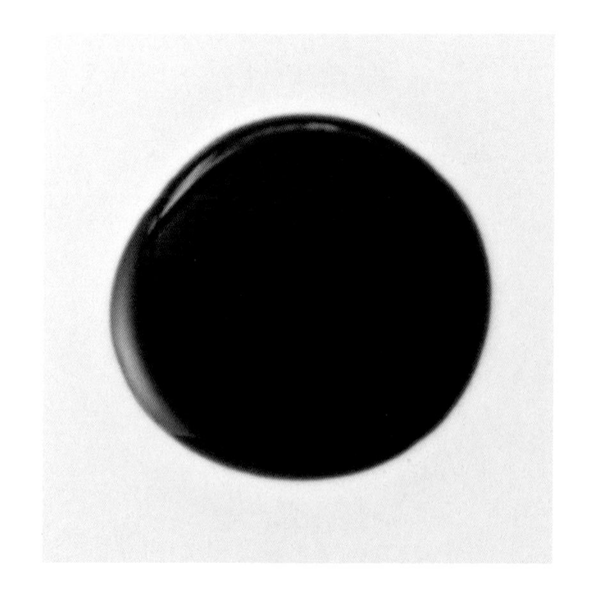

料理主廚

相原 薰｜ Simplicité サンプリシテ

料理應用

炭火烤鴨

酒精　海鮮　蔬菜

｜材料｜

大白菜…400g
香菇…5個
洋菇…300g
昆布（10cm×30cm）…1片
小魚乾…60g
水…3L
紅酒…720mL
馬德拉酒…400mL
白波特酒…200mL
鮪魚柴魚…上述材料總重量的5%
玉米澱粉…適量

｜作法｜

01…將大白菜、香菇和洋菇切成適當大小，放入食品乾燥機中，乾燥至完全酥脆。

02…在鍋中加入乾燥的蔬菜、昆布、小魚乾和水，煮約1小時，並不時撈去浮沫。

03…在煮好的02高湯中加入紅酒、馬德拉酒和白波特酒，再煮30分鐘。

04…將鮪魚柴魚削成片放入03鍋中，關火後靜置20分鐘，然後過濾。

05…將適量過濾後的04倒入鍋中，加熱並加入適量的玉米澱粉調整濃稠度，即可使用。

季節蔬菜的摩爾醬（sauce mole）

摩爾（mole）是墨西哥的一種肉料理醬汁，使用巧克力和香料以傳統方法製作。

料理主廚

木屋太一 佐藤友子｜KIYAS キヤス

料理應用

季節蔬菜的摩爾醬和黑米脆片 [p. 201]

肉　蔬菜　香料

材料

A

- 牛腱肉…90g
- 南瓜…100g
- 鮑魚菇…30g
- 水果番茄…75g
- 胡蘿蔔…15g
- 洋蔥…40g
- 蘋果…25g
- 大蒜…2g

B

- 墨西哥黑辣椒（chile Mulato）…8g
- 墨西哥樹椒（chile de Árbol）…1g
- 墨西哥辣椒（chile Guajillo）…4g
- 墨西哥辣椒（chile Pasilla）…4g
- 墨西哥煙燻辣椒（chile Chipotle）…2g

C

- 肉桂…2g
- 杜松子…1g
- 丁香…1/8小匙
- 香菜籽…1g
- 孜然籽…1小匙
- 蘿勒籽…1/8小匙
- 酪梨葉*…1片
- 水…適量

D

- 覆淋巧克力（chocolat de couverture Valrhona Caraïbe 66%）…20g
- 覆淋巧克力（chocolat de couverture Valrhona Ivoire 35%）…55g
- 可可粉…13g
- 鹽…5g
- 水…200g

*—酪梨葉是乾燥後的葉片，通常作為草本茶銷售。

作法

01…將A的肉和蔬菜切成適當大小，使用橄欖油（分量外）炒至表面焦黃。

02…將B的辣椒類放入160℃的烤箱烘烤15分鐘。

03…在鍋中加入01和02的材料，再加入C的香料和足夠覆蓋所有材料的水，大火煮1小時。

04…將03的材料用手持均質機打成糊狀，然後與D的材料一起放入鍋中，再煮1小時。

蘑菇和堅果雪利醋醬汁

以鹿肉高湯為基底。加入具有嚼勁的菇蕈和堅果作為點綴。

料理主廚

後藤祐輔｜AMOUR アムール

料理應用

蝦夷鹿・下仁田蔥・山椒 [p. 202]

肉 醋 酒精 菇蕈

｜材料｜

橄欖油 … 適量
大蒜 … 3g
紅蔥頭（échalote）… 150g
干邑白蘭地（cognac）… 100g
雪莉酒醋 … 100g
鹿肉高湯（fond de chevreuil）… 300g
雞油蕈（girolle）… 50g
洋菇 … 50g
核桃 … 20g
夏威夷豆（macadamia nut）… 20g
榛果 … 20g

｜作法｜

01 … 在橄欖油中輕炒切碎的大蒜，加入切碎的紅蔥頭。

02 … 加入干邑白蘭地和雪莉酒醋至01，煮至酒精揮發，再加入鹿肉高湯（省略解說），煮至剩下約一半的量。

03 … 將雞油蕈和洋菇切成小方塊。

04 … 將烤過的核桃、夏威夷豆和榛果稍微碾碎。

05 … 在橄欖油中快速翻炒03，然後加入稍多可覆蓋材料的02，再加入04，煮至沸騰。

加入肝臟奶油的鴨汁

將鴨汁加入含鴨肝的奶油，澈底提升鴨肉的風味。

料理主廚

今橋英明｜ Restaurant L'aube レストランローブ

料理應用

赤味噌香菇碎、帶有朴葉香氣的烤尾長鴨腿肉和香菇餡餅，搭配肝臟奶油鴨汁 [p. 198]

肉　乳製品

｜材料｜

鴨肝（尾長鴨）… 適量
奶油 … 鴨肝的2倍量
鴨汁（jus de canard）… 適量

｜作法｜

01 … 將鴨肝用手持均質機打碎，然後過篩。

02 … 將奶油攪拌成軟膏狀，與01混合，包在保鮮膜中，捲成圓柱狀，放入冰箱冷卻凝固。切成方便使用的大小並冷凍。

03 … 將鴨汁（省略解說）煮至能充分感受到鮮味。

04 … 將03離火，降溫至約50℃。

05 … 在04加入重量10～15%的02，攪拌均勻。

06 … 將05重新加熱，邊加熱邊攪拌使肝臟熟透，然後過篩。

咖啡康普茶醬汁

基底是用咖啡發酵的自家製康普茶，獨特的酸味和微苦的風味給人深刻的印象。

料理主廚

田熊一衛 | L'éclaireur レクレルール

料理應用

米麴發酵白黴玉米餅、魚子醬與咖啡康普茶 [p. 203]

其他

| 材料 |

咖啡康普茶(kombucha)
- 冷萃咖啡 … 750g
- 砂糖 … 少量
- 紅茶菌(SCOBY)*1 … 適量
- 過發酵的咖啡康普茶*2 … 適量

鹽 … 適量
發酵奶油 … 少量

*1— 乳酸菌、醋酸菌等混合的菌種，用來促進康普茶的發酵。
*2— 把咖啡康普茶發酵至強酸性，當新做康普茶時，倒入表面形成蓋子，防止雜菌侵入。

| 作法 |

01 … 製作咖啡康普茶。將冷萃咖啡和砂糖混合溶解，放入底部有出水口的飲料容器中，加入紅茶菌，然後靜靜倒入過發酵的咖啡康普茶。用紗布蓋上，在常溫下放置約1週。

02 … 當產生適度的酸味和鮮味時，確保過發酵的咖啡康普茶在上層，從底部出水口流出新做好的咖啡康普茶，保存於冰箱中(過發酵的咖啡康普茶可留作下次發酵使用，並保存於冰箱中)。

03 … 將02倒入小鍋，煮至約剩一半量，加入鹽調味，並用少量發酵奶油進行攪拌乳化。

焦糖洋蔥汁、焦化奶油(beurre noisette)

將焦糖化的新洋蔥汁與焦化奶油混合，層層展現香氣。

料理主廚

今橋英明｜ Restaurant L'aube レストランローブ

料理應用

適合搭配魚類的奶油香煎(meunière)。

蔬菜　肉　乳製品

｜材料｜

新洋蔥的焦糖醬汁

- 新洋蔥…10個
- 沙拉油…適量
- 雞高湯*…3L

完成

- 焦化奶油…約30mL

*— 將雞骨架、洋蔥、西洋芹、大蒜、水、月桂葉和切剩的香草放入壓力鍋中，煮沸後加壓煮約1小時，自然冷卻並釋壓，過濾即得。

｜作法｜

01…製作新洋蔥的焦糖醬汁。將新洋蔥去皮後切成四等分，放在薄薄塗有沙拉油的烤盤上，以200℃的烤箱加熱。

02…當01開始上色時，將溫度降低至150℃，繼續加熱30分鐘～1小時，直至洋蔥出現甜味。

03…將02移至鍋中，注入雞高湯，加熱至沸騰，撈去浮沫，煮約2小時。

04…將03過濾，並煮至濃稠且充滿鮮味。

05…將100mL的04放入鍋中加熱，加入完成用的焦化奶油混合均勻。

焦糖鳳梨與長胡椒醬汁

這款越南醬汁適合搭配雞肉等，加入了甜美的香氣與清涼感。

料理主廚

內藤千博｜Ăn Đi

料理應用

可用於鯖魚味噌煮的越式三明治(Bánh mì)夾餡

水果　乳製品　香料

｜材料｜

鳳梨…100g
奶油…20g
魚露…10g
黑醋…2g
長胡椒(piper longum)*…1根
蔗糖…適量

*— 長胡椒屬於胡椒同科的不同品種，具有辛辣感、清涼香氣與淡淡的甜味。在沖繩縣和八重山群島，與長胡椒相似的植物被稱為ヒハツモドキ（piper retrofractum），當地人稱其為ピパーチ或ピパーツ，作為香料使用。

｜作法｜

01… 將鳳梨切片，在不沾鍋中迅速煎至焦色，加入奶油並煮至呈褐色軟膏狀。

02… 加入魚露和黑醋至01，停止加熱。

03… 將02倒入食物料理機，加入長胡椒，依口味適量加入蔗糖，攪打至滑順狀態。

棕色焦化奶油醬汁

將奶油充分加熱至焦化狀態，僅以鹽調味，極其簡單。

料理主廚

木屋太一 佐藤友子 | KIYAS キヤス

料理應用

季節蔬菜的摩爾醬和黑米脆片 [p. 201]

乳製品

| 材料 |

發酵奶油 … 適量

鹽 … 適量

| 作法 |

01 … 在平底鍋中加熱發酵奶油，製作成焦化奶油，然後用鹽調味即可。

牛蒡香氣的珠雞醬汁

將炸牛蒡獨特的香氣和泥土般的風味，轉移至珠雞汁當中。

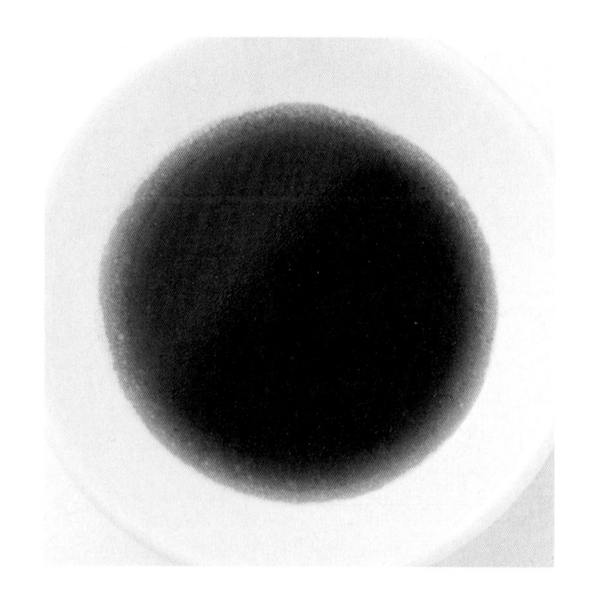

料理主廚

篠原和夫｜ Restrant Kazu レストラン カズ

料理應用

珠雞・牛蒡 [p. 204]

肉　酒精　蔬菜

｜材料｜

珠雞骨 … 約 1kg
紅蔥頭 … 1/2顆
馬德拉酒 … 350mL
雪莉酒醋 … 20mL
小牛高湯（fond de veau）… 500 mL
牛蒡（切約 5mm 丁）… 1/2根
白蘭地 … 適量

｜作法｜

01 … 將珠雞骨排列在烤盤上，以 250℃ 預熱的烤箱烤至金黃色。

02 … 將烤好的珠雞骨連同切碎的紅蔥頭、馬德拉酒和雪莉酒醋一起放入鍋中。

03 … 在01的烤盤上加入水，溶出盤底精華（déglacer），然後加入02的鍋中，用大火加熱。

04 … 煮至酒精揮發後，加入小牛高湯（省略解說）。

05 … 將牛蒡炸熟加入步驟04，使香氣移轉。加入白蘭地調味。過濾成爲醬汁。

牛蒡醬汁

帶來多重的鮮味，除了牛蒡的香氣和口感，牛蒡皮更添風味。

料理主廚

中村和成｜LA BONNE TABLE ラ・ボンヌ・ターブル

料理應用

稻稈燻鴨、牛蒡醬汁、舞茸、蔥、青柚子

[p. 205]

酒精　肉　蔬菜

｜材料｜

馬德拉酒 … 1L
紅蔥頭 … 100g
小牛高湯（fond de veau）… 300g
牛蒡（帶皮）… 100g
煮濃的昆布高湯 … 50g
蔥油 … 10mL
舞茸 … 50g
鹽 … 適量

｜作法｜

01 … 在鍋中加入馬德拉酒和切碎的紅蔥頭，蓋上鍋蓋加熱。

02 … 等紅蔥頭變軟後打開鍋蓋，煮至液體量減少到原來的1/3左右。

03 … 用攪拌器混合步驟02，加入小牛高湯（省略解說）和切碎的牛蒡，蓋上鍋蓋。用中火加熱，煮至液體減少約一半。

04 … 另一個鍋中加入煮濃的昆布高湯和蔥油（均省略解說），加熱後加入舞茸，稍微煮一下。

05 … 將步驟04過濾，將液體倒入步驟03中拌勻，用鹽調味。濾出的舞茸作爲配菜。

雪利酒醋與葡萄乾的酸甜醬

葡萄乾的甜酸風味，帶來盤中的豐富變化。

料理主廚

葛原将季｜ Reminiscence レミニセンス

料理應用

綠竹筍填入軟殼甲魚烤的菜餚

水果　醋

｜材料｜

葡萄乾 ··· 50g
葡萄 ··· 100g
洋蔥 ··· 30g
薑 ··· 10g
雪利酒醋 ··· 60mL

｜作法｜

01 ··· 把葡萄乾、去籽但保留皮的葡萄、切成適當大小的洋蔥和薑，以及雪利酒醋放入盆中，冷藏浸泡一夜。

02 ··· 把步驟01的材料放入食物料理機中攪打至光滑，過濾。

雪利酒醋醬汁

融合了雪利酒的濃郁和雪利酒醋的清爽，再加入牛肉清湯增添深度。

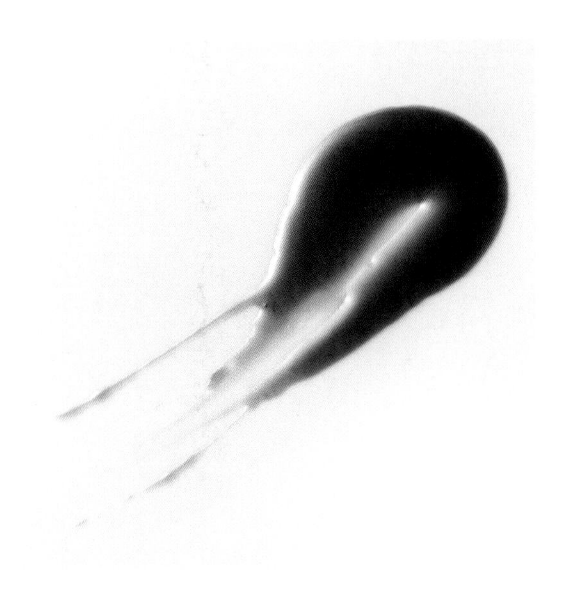

料理主廚

葛原将季｜ Reminiscence レミニセンス

料理應用

綠竹筍填入軟殼甲魚烤的菜餚

醋　酒精　肉

｜材料｜

雪利酒醋 … 100mL
雪利酒醋（Pedro Ximénez）… 100 mL
牛肉清湯（beef consommé）… 300 mL

｜作法｜

01 … 將雪利酒醋和雪利酒放入鍋中煮至稍微濃稠狀。
02 … 加入牛肉清湯（省略解說），再繼續煮至更加濃稠。

自製肉醬和黑蒜、雞湯醬汁

肉醬是用豬肉、麥麴和香料發酵而成，味道豐富而複雜。

料理主廚

本田 遼｜OLD NEPAL オールド ネパール

料理應用

搭配尼泊爾麵食料理「炒麵」佐芝麻葉阿查醬

[p. 050]

肉　乳製品

材料

肉醬

- A（數字為比例）
  - 豬肉 … 10
  - 麥麴 … 2
  - 鹽 … 2
  - 水 … 5
- 混合香料（茴香籽和尼泊爾胡椒）… A 重量的 0.8%

黑蒜醬*1 … 適量

香料煮的雞湯*2 … 適量

*1— 將大蒜以真空包裝，在75℃下一個月，用手持均質機打碎。

*2— 使用3kg的雞腿肉，在1.5L的水中加入烘烤後研磨的孜然粉10g、黑胡椒粉5g、大蒜25g、生薑25g，煮沸11分鐘。雞肉可用於咖哩，使用煮好的雞湯。

作法

01 … 製作肉醬。將A的豬肉切成適當大小，加入其它材料與混合香料，混合後真空包裝。以55℃發酵4週，使用手持均質機攪打至光滑。

02 … 將01的肉醬、黑蒜醬，與香料煮的雞湯以4：1：10的比例混合攪拌均勻。

雞汁（jus de volaille）

使用雞骨、洋蔥、水，以文火慢煮，調製成清澈而味道豐潤的高湯。

料理主廚

JP Kawai ｜ AMPHYCLES アンフィクレス

料理應用

可直接用作醬汁，或作爲其他醬汁的基礎

肉

｜材料｜

雞骨 … 5kg
洋蔥 … 50g
水 … 20L

｜作法｜

01 … 清理雞骨，放入平底鍋中，在180℃的烤箱內烘烤2～2.5小時，中途適時翻面。快烤好前，加入切成1cm寬的洋蔥片，使其烤至熟透。

02 … 取出，稍待冷卻。

03 … 在02的平底鍋中加水，用中火加熱至沸騰，然後轉至小火，續煮12小時。途中需仔細撈除浮沫。如果湯汁濃縮水分減少，需隨時補水。

04 … 過濾03的高湯，倒入另一個鍋中，用小火煮至原量的1/5～1/6。

焦化蔬菜醬汁

烹調多達10種以上的蔬菜，以烤製出清爽而香氣濃郁的清湯。

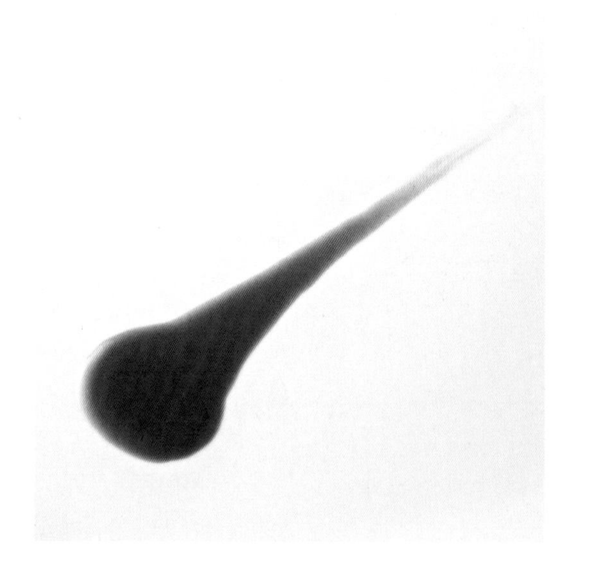

料理主廚

江見常幸｜Espice エスピス

料理應用

金目鯛 × 西瓜 × 焦化蔬菜醬汁 [p. 206]

蔬菜

｜材料｜

A

- 大蒜…2顆
- 洋蔥…2顆
- 胡蘿蔔…2根
- 西洋芹…2根
- 青椒…5顆
- 乾香菇*…適量
- 毛豆豆莢…適量
- 玉米芯…適量
- 蔬菜切下的邊角料（當日所取得的蔬菜）…適量

蔬菜清湯…1L
昆布…適量
鹽…適量
胡椒…適量
橄欖油…適量
香草（月桂葉、百里香、巴西利、芫荽）…適量

*—事先用水浸泡後再擠乾使用。

｜作法｜

01…鍋中加入橄欖油（分量外），加入切細的所有A的蔬菜，炒至上色。

02…加入少量蔬菜清湯（分量外，省略解說），將水分煮至蒸發，再次炒至上色。重複這個步驟5～10次，使顏色更深，香氣更濃郁。

03…加入材料表中的蔬菜清湯和昆布，煮至剩原分量的1/3。用鹽、胡椒、橄欖油調味，加入香草，加熱至香氣融合。過濾。

魚醬和柚子胡椒醬汁

將越南萬用醬「甜魚露」以日本食材進行替換。

料理主廚

內藤千博｜Ăn Đi

料理應用

蝦子的生春卷

其他

| 材料 |

魚醬（しょっつる Shottsuru）… 100g
黑糖（高知縣產）… 90g
水 … 200g
葛粉 … 少量
醋橘汁 … 25g
柚子胡椒（自家製）… 適量

| 作法 |

01 … 將魚醬、黑糖和水一起煮沸，加入少量水（分量外）溶解的葛粉調至濃稠。

02 … 加入醋橘汁和柚子胡椒，攪拌至冷卻。

紅酒醬汁

加入少量紅波特酒使味道更加圓潤豐富。

料理主廚

JP Kawai ｜ AMPHYCLES アンフィクレス

料理應用

適合搭配煎至脆皮的魚料理或肉料理

酒精　肉

｜材料｜

紅酒 … 400mL
紅波特酒 … 100mL
雞汁（jus de volaille）〔p. 179〕 … 適量
鹽 … 適量

｜作法｜

01 … 將紅酒和紅波特酒混合，放入鍋中煮至濃縮呈現鏡面狀。

02 … 加入與01等量～1.5倍量的雞汁，加熱並以鹽調味。

薩米斯醬汁（sauce salmis）

用打發的鮮奶油代替奶油，兼具濃郁與輕盈。

料理主廚

岸本直人｜naoto.K

料理應用

網捕綠頭鴨 燒烤 薩米斯醬汁［p. 207］

肉 酒精

｜**材料**｜

奶油…適量
綠頭鴨的骨架和翅膀…4隻
大蒜…1瓣
紅酒…500mL
雞高湯…3.5L
紅蔥頭…150g
干邑白蘭地…200mL
紅酒醋…50mL
紅波特酒（Porto）…100mL
牛肉清湯（consommé de boeuf）…適量
內臟醬（pâté）*…適量
鹽…適量
花椒（timur）…適量
打發的鮮奶油（乳脂肪35%）…1大匙

*— 將綠頭鴨的內臟用鹽、糖、白胡椒、肉豆蔻（nutmeg）、白波特酒、干邑白蘭地醃1天，然後用大蒜風味的奶油炒香，與1/3量的肥肝醬（terrine de foie gras）一起放入食物料理機，加入芥末（moutarde）、紅酒醋，攪打均勻後過篩。

｜**作法**｜

01… 在熱鍋中放入大量奶油，將綠頭鴨的骨架和翅膀、大蒜炒至金黃，瀝乾油。
02… 將01、紅酒、雞高湯（省略解說）放入鍋中，煮3小時，期間撈去浮沫和油脂。
03… 在另一鍋中加熱奶油（分量外），炒切碎的紅蔥頭碎，加入干邑白蘭地、紅酒醋和紅波特酒，煮至濃稠。
04… 將02過濾後倒入03，煮至剩下1/5量。
05… 加入適量牛肉清湯（省略解說）至04，調整濃度。
06… 加入內臟醬，拌勻後過濾。
07… 加入鹽、花椒、適量干邑白蘭地（分量外），最後加入打發的鮮奶油，輕輕混合至呈大理石紋狀。

薩米斯醬汁

以鴨的高湯爲基底，加入鴨和鴿的內臟，表現出豐富的層次感。

料理主廚

高木和也｜ars アルス

料理應用

烤鴿

肉　酒精

｜材料｜

鴨骨架…5kg
洋蔥…400g
大蒜…50g
水…適量
鴨和鴿的內臟（肝臟、心臟）
…合計300g
白蘭地…適量
紅酒…400mL
小牛高湯（fond de veau）…400mL
鹽…適量

｜作法｜

01…將鴨骨架鋪在平底深鍋裡，乾煎約1小時。

02…加入切碎的洋蔥和橫切一半的大蒜，繼續炒至蔬菜變軟。

03…加水覆蓋材料，煮至減少爲1/2。重複此步驟2次後過濾。

04…在另一鍋中加熱橄欖油（分量外），加入鴨和鴿的內臟炒香，倒入白蘭地焰燒（flambé）。

05…將一部分的03和04放入食物料理機中攪打。

06…在05加入紅酒和小牛高湯（省略解說），煮至減少爲1/2量。

07…在06中加入剩餘的03，調整濃度，過濾3～4次。最後以鹽調味。

波特酒醬汁

利用紅波特酒的甜味製作的簡單醬汁，是料理的絕佳點綴。

料理主廚

JP Kawai | AMPHYCLES アンフィクレス

料理應用

適合搭配酥皮派（pâté en croûte）或牛菲力料理。

加入松露可變成佩里克醬汁（sauce Périgueux）

酒精　肉

| 材料 |

紅波特酒（port wine）⋯ 600mL
雞汁（jus de volaille）[p. 179]
　⋯ 50 ～ 80mL
鹽 ⋯ 適量

| 作法 |

01 ⋯ 將紅波特酒煮至剩下約1/10 ～ 1/12量。
02 ⋯ 加入雞汁，用鹽調味。
03 ⋯ 過濾後倒入鍋中，用小火煮至減少至剩1/5～1/6量。

波爾多醬（sauce Bordelaise）

利用小牛高湯、三重清湯和濃縮小牛高湯製作出層次豐富的濃厚醬汁。

料理主廚

郡司一磨｜ Saucer ソーセ

料理應用

烤牛肉

酒精　肉

｜材料｜

小牛高湯
- 牛腱肉…1kg
- 牛肉邊角料…1kg
- 奶油…適量
- 三重清湯（triple consommé）…1L
- 水…1L

醬汁基底
- 牛腱肉…300g
- 奶油…適量
- 洋蔥…80g
- 大蒜…10g
- 黑胡椒粒…20粒
- 小牛高湯…上述做好的全量

完成
- 奶油…適量
- 切碎的紅蔥頭…100g
- 黑胡椒…0.5g
- 紅波特酒…100g
- 紅酒…200g + 200g + 200g
- 醬汁基底…50g
- 濃縮小牛高湯（fond de veau corsé）…100g
- 三重清湯…20g
- 水…80g

｜作法｜

01…製作小牛高湯。將粗切的牛腱肉和邊角料用大量奶油煎至香味四溢，加入三重清湯和水，煮1天後過濾。

02…製作醬汁基底。將牛腱肉切細，用奶油炒香。加入切丁的洋蔥、大蒜和黑胡椒粒，及01的小牛高湯，煮至濃縮後過濾。

03…將02的醬汁基底在常溫下冷卻至分層，再放入冰箱冷卻後去除上層油脂，取中間和底層混合。

04…完成。用奶油煎炒切碎的紅蔥頭，加入黑胡椒炒出香味。倒入紅波特酒煮至濃縮，然後每次加入200g紅酒煮至濃縮，重複3次。

05…將03的醬汁基底和濃縮小牛高湯（省略解說）加入04中，稍微煮一下後過濾。

06…將過濾後的殘渣加入鍋中，倒入三重清湯和水，煮至濃縮後過濾。

07…將06的濃縮液加入05的醬汁中，再次煮至濃縮。

08…用07總量1/3的奶油將醬汁混合乳化，並用鹽和黑胡椒（皆為分量外）調味。

豆豉和米糠漬魚醬

發酵食材的鮮味和風味交織，提升清淡白肉魚的美味。

料理主廚

郡司一磨 | Saucer ソーセ

料理應用

適合搭配煎比目魚

海鮮 肉 其他

| 材料 |

豆豉 … 30g
奶油 … 適量
三重清湯（triple consommé）[p. 135]
　… 20g + 50g
大蒜 … 4g
切碎的紅蔥頭 … 10g
福井縣產米糠漬魚（へしこ heshiko）
　… 50g
蛤蜊高湯 … 50g
鮮奶油（乳脂肪42%）… 少量

| 作法 |

01 … 將豆豉切碎，用奶油炒香，加入20g的三重清湯煮至濃縮。

02 … 將大蒜和切碎的紅蔥頭用奶油炒香，加入去骨並弄碎的米糠漬魚，炒出香氣。

03 … 將蛤蜊高湯（省略解說）、50g的三重清湯和01的豆豉混合物加入02的鍋中，稍微煮至濃縮後，加入鮮奶油並用手持均質機攪打成醬汁基底。

04 … 在上菜前，將03的醬汁基底加熱，並加入其總量1/3的奶油和少量的蛤蜊高湯（分量外），拌勻即可。

鴿內臟醬汁

濃厚的雞肉高湯爲基底，加入鴿肝後不過度熬煮，使其保持輕盈的口感。

料理主廚

青木 誠｜ Les Frères AOKI レフ アオキ

料理應用

烤鴿

肉

｜材料｜

橄欖油 … 適量
奶油 … 適量
大蒜 … 少量
切碎的紅蔥頭 … 5g＋5g
仔鴿的肝臟 … 1付
雞汁（jus de volaille）… 50mL
奶油 … 5 ～ 10g
平葉巴西利 … 少量
特級初榨橄欖油 … 15g

｜作法｜

01 … 將橄欖油和奶油放入平底鍋加熱，炒香切碎的大蒜和5g切碎的紅蔥頭。出現香味後，加入仔鴿的肝臟，煎至肝臟中心呈現半熟狀態。

02 … 將01過篩。

03 … 將雞汁（省略解說）放入鍋中煮至濃縮，炒香切碎的大蒜和5g切碎的紅蔥頭後，加入過篩的02，輕輕炒勻。

04 … 在03中加入奶油進行混合乳化（monter），撒上切碎的平葉巴西利，並加入特級初榨橄欖油拌勻。

焦化奶油牛肝蕈醬汁

使用乾燥牛肝蕈的高湯，加上焦香奶油的風味，再用迷迭香增添清爽感。

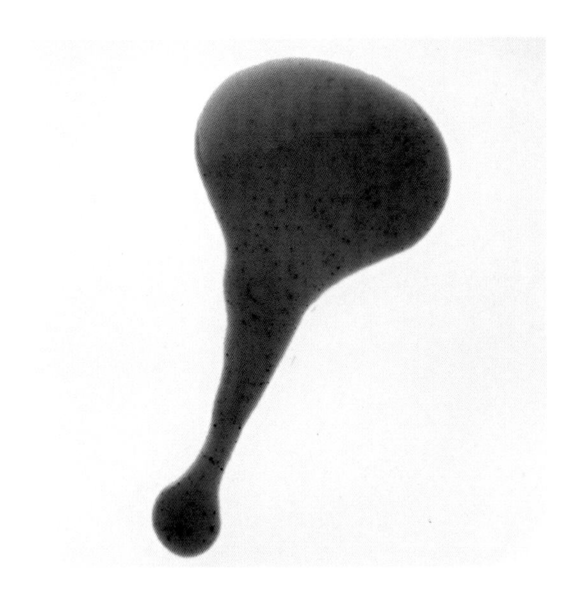

料理主廚

植木将仁｜AZUR et MASA UEKI

料理應用

適用於烤牛肝蕈等料理

乳製品　肉　菇蕈

｜材料｜

牛肝蕈（乾燥）… 5g
水 … 100mL
小牛高湯（fond de veau）… 50mL
奶油 … 30g
迷迭香 … 2g
鹽 … 適量
胡椒 … 適量

｜作法｜

01 … 將乾燥牛肝蕈浸泡在水中一晚，讓其回軟。

02 … 將浸泡好的牛肝蕈連同泡的水一起放入鍋中，煮至剩下約1/5量，過濾。

03 … 將過濾後的02放入鍋中，加熱並加入小牛高湯（省略解說），煮至剩下約1/3量。

04 … 另取一鍋，將奶油加熱至焦香狀，加入切碎的迷迭香。待香氣散發後，加入03的液體並進行混合乳化（monter）。最後用鹽和胡椒調味即可。

豬頭肉凍（fondant）

這款料理利用膠質的濃郁和酸味，增添豬頭肉的風味。

料理主廚

今橋英明｜Restaurant L'aube レストランローブ

料理應用

適合搭配鰻魚、鮟鱇魚等濃烈風味的海鮮料理，也可作豬肉料理的配菜

肉　蔬菜　香料

｜材料｜

豬頭…1個
洋蔥…3顆
西洋芹…5根
紅蘿蔔…2條
鹽…適量
黑胡椒粒…適量
香料
- 丁香…適量
- 杜松子（juniper berry）…適量
- 芫荽籽…適量
- 葛縷子（caraway）…適量
- 小茴香…適量
- 孜然（cumin）…適量
- 月桂葉…適量

豬的肉汁…適量
紅蔥頭…適量
巴西利…適量
雪莉酒醋…適量

｜作法｜

01…將豬頭上的毛等清潔乾淨，用水澈底洗淨。

02…放入鍋中，加入足量的水，煮滾後取出洗去浮沫，再換水煮一次。

03…在02鍋中加入新的足量水，加入切出十字切口的洋蔥、切短的西洋芹、縱切的紅蘿蔔、適量的鹽、黑胡椒粒和香料，煮約4～5小時。

04…當豬頭煮得軟爛，豬皮自然剝落時，取出並稍微放涼。

05…去除豬頭的骨頭，將所有肉和皮、舌在容器上攤開，迅速在冰箱中冷藏使其凝結。

06…冷卻後切成細粒，各部位混合均勻。

07…放入足量的06到鍋中，加入約1/3份量豬的肉汁（省略解說），調味並加入切碎的紅蔥頭和巴西利、雪莉酒醋，加熱至溫即可享用。

豬肉醬汁

以清澈而濃厚的雞汁為基礎，加入鹽漬綠胡椒，帶來清爽而獨特的風味。

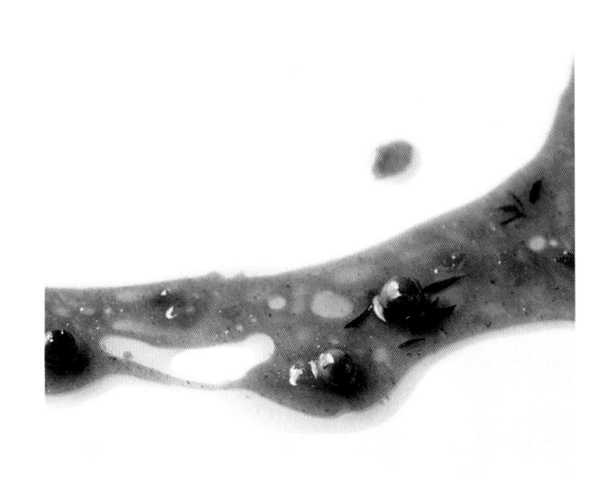

料理主廚

佐々木直步｜ recte レクテ

料理應用

梅山豬的炭火燒烤

肉

｜材料｜

豬骨和邊角肉 … 100g
雞中翼和雞骨 … 100g
奶油 … 適量
大蒜 … 適量＋4g
切碎的紅蔥頭 … 20g＋40g
百里香 … 1束
巴西利的莖 … 1枝
雞汁 （jus de volaille）… 300mL
小牛高湯（fond de veau）… 200 mL
橄欖油 … 適量
綠胡椒（鹽漬）… 10g

｜作法｜

01 … 在鍋中加熱沙拉油（分量外），加入切成適當大小的豬骨和邊角肉，雞中翼和雞骨，炒至金黃色。

02 … 加入奶油、搗碎的大蒜、切碎的紅蔥頭20g、百里香和巴西利的莖，炒香。將表層的奶油撈出（完成時使用）。加入雞汁（省略解說），溶出鍋底精華（déglacer）。

03 … 在02中加入小牛高湯（省略解說），不斷撈除浮沫，煮至約30分或煮至醬汁減至半量。濾掉固體。

04 … 另一個鍋中加熱橄欖油和奶油，加入切碎的紅蔥頭40g、大蒜4g和百里香，輕微炒香以防焦味。加入鹽漬綠胡椒和少量的鹽漬綠胡椒汁，使香味移轉。

05 … 在04中加入03，煮至醬汁濃縮至2/3。加入02保留的奶油，繼續加熱至顏色變深。

水果阿查醬（fruit achar）

風味豐富，加入了西洋李、蔓越莓、香料、大蒜和薑的香氣。

料理主廚

本田 遼｜OLD NEPAL オールド ネパール

料理應用

炭烤鹿肉（Sekuwa）[p. 208]

水果　香料

｜材料｜

A（數字爲比例）

- 西洋李（乾燥）… 1
- 蔓越莓（冷凍）… 1
- 覆盆子（冷凍）… 1

水 … A重量的100%

砂糖 … A重量的30%

大蒜 … A重量的10%

薑 … A重量的10%

綜合香料（dalbhat masala）*
… A重量的3%

鹽 … 適量

*— 由芥末籽、孜然、葫蘆巴（fenugreek）混合炒製而成，並加入炒過的喜爾蒂姆胡椒（Sil Timur peppercorn）、茴香籽、肉桂等混合香料。主要用於肉類料理。

｜作法｜

01 … 將A的所有材料混合在一起。

02 … 將01放入鍋中，加入其餘的材料，煮沸加熱1小時。

03 … 將02用手持均質機攪打均勻，靜置一晚。

牛肝蕈醬汁

使用牛肝蕈泡發的汁液作爲基底，加入20%比例的奶油，製成濃稠的醬汁。

料理主廚

郡司一磨 | Saucer ソーセ

料理應用

搭配麵包和奶油，讓醬汁成爲主角的料理

菇蕈　肉　乳製品

| 材料 |

醬汁的基底

- 牛肝蕈（乾燥）… 20g
- 鹼性離子水 … 200g
- 大蒜 … 2g
- 紅蔥頭 … 20g
- 奶油 … 適量
- 棕色蘑菇 … 50g
- 紅波特酒（ruby type）… 30g
- 三重清湯（triple consommé）[p. 135] … 80g
- 鮮奶油（乳脂肪42%）… 10g

完成

- 奶油 … 醬汁基底的 1/5 量
- 干邑白蘭地 … 適量
- 鹽 … 適量

| 作法 |

01 … 製作醬汁的基底。將牛肝蕈泡發在鹼性離子水中，過濾。將泡發的汁液煮至濃縮備用。

02 … 將切碎的大蒜和紅蔥頭用奶油炒香。加入切成適當大小的棕色蘑菇繼續炒。

03 … 將泡發好的牛肝蕈切成適當大小，加入02，炒至香味四溢並呈現焦黃色。

04 … 將01備用的泡發汁液倒入03，加入紅波特酒煮至濃縮，再加入三重清湯繼續煮至濃縮。

05 … 將04與鮮奶油一起用手持均質機攪打均勻，過濾後作爲醬汁基底。

06 … 供應前，將05的醬汁基底加熱，用奶油調和。以干邑白蘭地和鹽調味。

烤茄子泥

在甜美的茄子泥中，加入太白芝麻油的濃郁和紅蔥頭的風味。

料理主廚

中村和成｜ LA BONNE TABLE ラ・ボンヌ・ターブル

料理應用

稻稈燻製的鰹魚、海螺醬、烤茄子和海蓬子 [p. 230]

蔬菜

| 材料 |

圓茄（赤ナス）… 300g
紅蔥頭 … 20g
太白芝麻油（太白ゴマ油）… 20g
鹽 … 適量

| 作法 |

01 … 將圓茄放在鐵板上烤，直到外皮全部焦黑。
02 … 剝去01的外皮，切成適當大小。
03 … 將切碎的紅蔥頭在太白芝麻油中炒香，然後與02混合，用手持均質機粗略攪打，最後用鹽調味即可。

梭子蟹的亞美利凱努醬（sauce américaine）

將梭子蟹的第一次高湯和第二次高湯與三重清湯結合，呈現強烈的風味。

料理主廚

郡司一磨｜ Saucer ソーセ

料理應用

毛蟹和梭子蟹料理［p. 209］

甲殼類　肉

｜材料｜

醬汁的基底

- 洋蔥 … 2個
- 胡蘿蔔 … 1根
- 韭蔥（leek）… 1/3根
- 干邑白蘭地 … 100g
- 白葡萄酒 … 100g
- 龍蒿（estragon）… 2枝
- 杜松子 … 20g
- 黑胡椒粒 … 5g
- 百里香 … 10g
- 月桂葉 … 1片
- 濃縮番茄糊（tomato concentre）… 20g
- 番茄 … 2個
- 三重清湯（triple consommé）… 300g
- 水 … 適量
- 梭子蟹 … 2kg

完成

- 鮮奶油（乳脂肪42%）… 少量
- 干邑白蘭地 … 少量

｜作法｜

01 … 製作醬汁基底。將粗切的洋蔥、胡蘿蔔和韭蔥炒香，加入干邑白蘭地和白葡萄酒煮至酒蒸發。加入龍蒿、杜松子、黑胡椒粒、百里香、月桂葉、濃縮番茄糊、粗切的番茄、三重清湯和適量的水，煮1小時。

02 … 將切成塊狀的梭子蟹（帶殼）用橄欖油（分量外）炒香，再放入200℃的烤箱烘烤至香脆。

03 … 將01中的醬汁與02的梭子蟹一起煮1小時，用濾網壓碎並過濾。

04 … 將03中濾網中剩下的梭子蟹放入另一個鍋中，加入適量的水煮沸，煮10分鐘後過濾。

05 … 將03和04的高湯混合，再次煮至濃縮，作爲醬汁基底冷藏保存。

06 … 供應前，將05的醬汁基底再次煮至濃縮，以鮮奶油調味，並加入少量干邑白蘭地完成。

稻稈風味醬汁

煮出稻稈並充分吸收其香氣的小牛高湯爲基底。

料理主廚

田熊一衛｜ L'éclaireur レクレルール

料理應用

小牛肉等清淡的肉類料理

肉　油　其他

| 材料 |

稻稈 … 20g
小牛高湯（fond de veau）… 200g
甘酒 … 30g
雪莉酒醋（25年熟成）… 18g
摩洛哥堅果油（argan oil）… 20g
核桃油 … 20g

| 作法 |

01 … 將稻稈切細，在鍋中乾煎以釋放香氣。加入小牛高湯（省略解說），輕煮至稻稈的香氣完全融入高湯。

02 … 在另一鍋中加入甘酒，加熱並攪拌至呈現焦糖狀，然後加入雪莉酒醋。

03 … 將02和01混合並過濾，最後用摩洛哥堅果油和核桃油來調和。

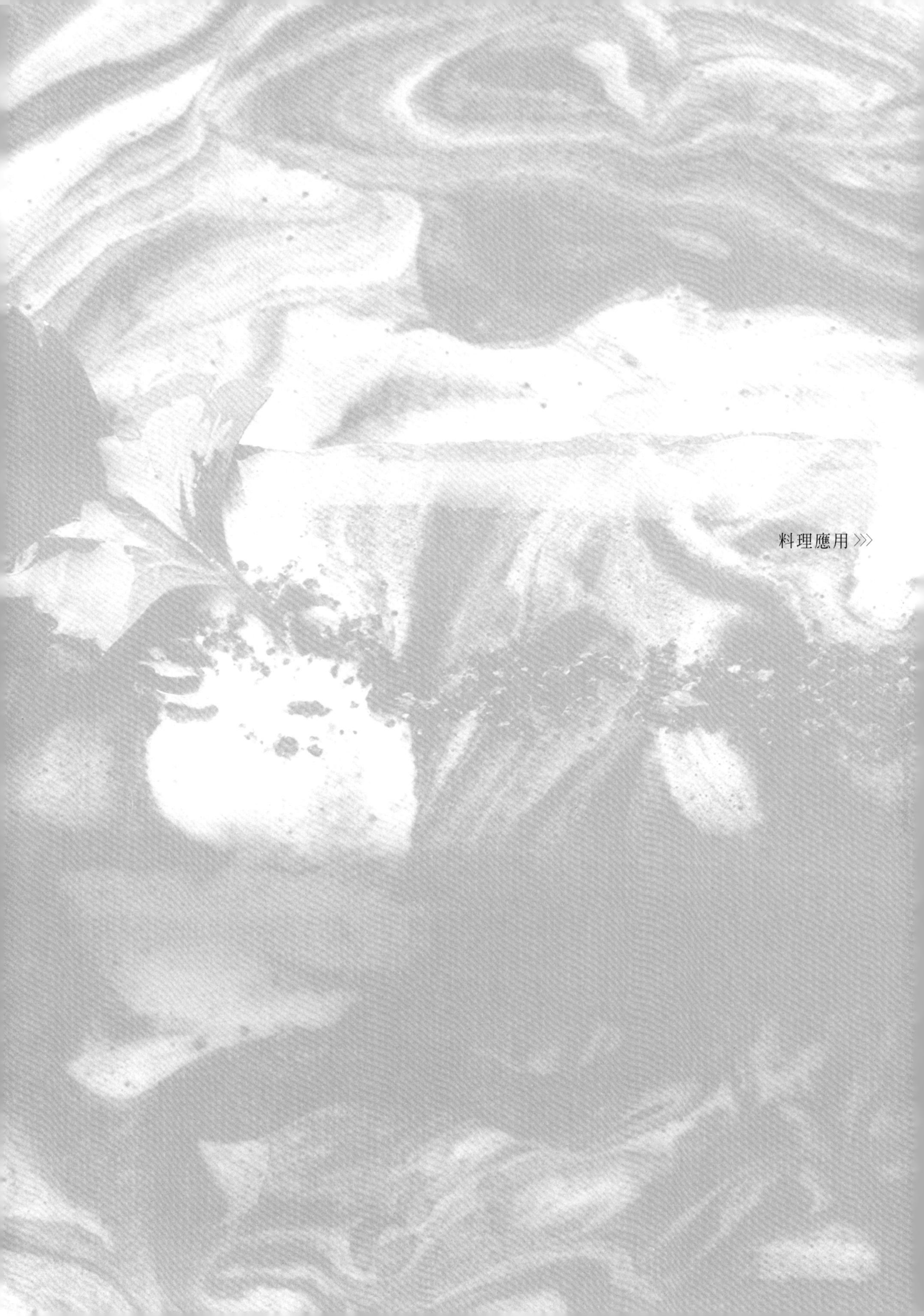

料理應用 >>>

赤味噌香菇碎、帶有朴葉香氣的烤尾長鴨腿肉和香菇餡餅，搭配肝臟奶油鴨汁

料理主廚

今橋英明｜ Restaurant L'aube レストランローブ

使用醬汁

加了赤味噌的香菇碎 [p. 160]

加入肝臟奶油的鴨汁 [p. 169]

使用岐阜縣產的尾長鴨，並搭配岐阜當地的紅味噌、香菇和朴葉，展現豐富的地域風味。尾長鴨的胸肉先用低溫烹調，再將皮煎至酥脆。紅味噌適度的濃郁風味提升了鴨肉的柔和口感，但直接塗抹味噌會過於濃烈，因此將味噌混合在香菇碎（duxelles，細切香菇炒成的濃縮醬）中，再均勻地抹在鴨肉上，這也相當於是一種醬汁。最後以朴葉煙燻，賦予其香氣，同時增強鴨肉與香菇碎的融合感。盤中的醬汁是傳統的鴨肝奶油混合鴨汁，鴨肝和味噌的絕佳搭配更進一步提升了整體的和諧度。配菜則是以炒香菇包裹的鴨腿肉醬，並在蒸烤箱中加熱，最後點綴上木之芽。

鵪鶉

料理主廚

郡司一磨｜ Saucer ソーセ

使用醬汁

鵪鶉醬汁 [p. 164]

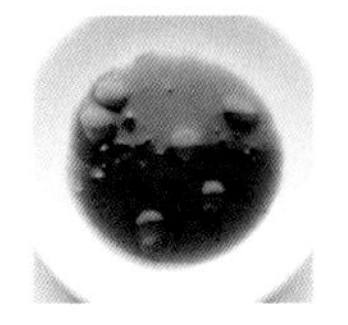

這道小分量的肉料理在魚料理之前提供，靈感來自神奈川縣出身的郡司主廚，他希望展現當地出產「壽雀卵」濃郁的蛋黃風味，並設計了一道「鵪鶉肉醬、九條蔥油，還有這濃厚蛋黃在盤中混合完成的醬汁」。鵪鶉肉包含低溫烹調後香煎的胸肉，和腿肉的油封(confit)2種。鵪鶉醬汁以鵪鶉高湯爲基底，加入醬油、味醂、三重清湯(triple consommé)，再以焦香奶油和黑胡椒增添香氣和辛辣味。郡司主廚表示:「鵪鶉肉、醬油和味醂的醬汁、蔥的組合，靈感來自烤雞串的美味。」

銀鴨 鮪

料理主廚

相原 薫｜ Simplicité サンプリシテ

使用醬汁

乾燥蔬菜和鮪魚柴魚醬汁 [p. 166]

青森縣產的鴨胸肉和腿肉，經炭火燒烤，搭配以乾燥蔬菜製成，濃郁「不輸給肉的強勁醬汁」（相原主廚表示），成爲這道主菜。醬汁中的大白菜和洋菇、香菇在食品乾燥器中乾燥至脆口，以增強其美味成分，並與昆布和小魚乾一同慢慢地熬煮。接著加入紅酒、馬德拉酒等，並加入鮪魚柴魚片，帶出強烈和深邃的風味。配菜是煮熟的毛豆和炸過的扁豆等口感豐富的食材，做成清爽的沙拉。最後，在盤中撒上鮪魚柴魚片熬煮後再利用製成的粉末，增添香氣。

季節蔬菜的摩爾醬和黑米脆片

料理主廚

木屋太一 佐藤友子｜KIYAS キャス

使用醬汁

季節蔬菜的摩爾醬 [p. 167]

棕色焦化奶油醬汁 [p. 173]

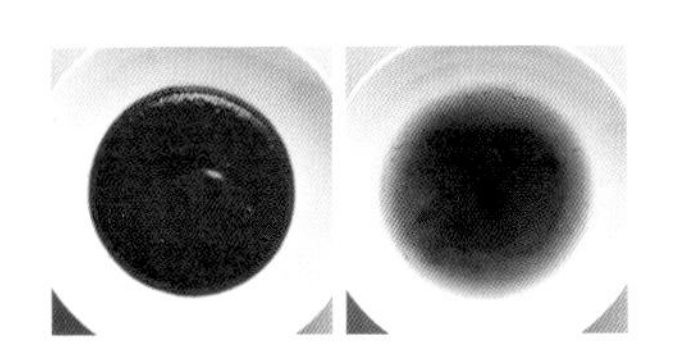

摩爾醬是墨西哥料理中的一種醬汁，其中以使用巧克力製成的濃厚醬汁最爲常見。材料包括牛腱肉、時令蔬菜和蘑菇等，這些食材先炒至焦香，再加入烤過的辣椒、肉桂和杜松子等香料，並搭配「比月桂葉更具濃郁風味」的酪梨葉及水一起燉煮，最後再加入巧克力完成。使用的辣椒有五種:「chile de Árbol、chile Pasilla、具有強烈風味和香氣的chile Mulato、辛辣濃郁的chile Guajillo、以及煙燻香氣和辛辣兼具的chile Chipotle」。摩爾醬可以單獨享用，但這次搭配了黑米脆片。爲了避免口感單調，還佐上酸味發酵奶油製成的棕色焦化奶油醬汁。

蝦夷鹿・下仁田蔥・山椒

料理主廚

後藤祐輔｜AMOUR アムール

使用醬汁

蘑菇和堅果雪利醋醬汁 [p. 168]

將蝦夷鹿的腿肉在油中低溫煮熟，然後在高溫烤箱和炭火上烤至香脆。配菜是用錫箔包裹烤熟後，再用鮮奶油煮的下仁田蔥和醃製的紅寶石洋蔥，最後撒下仁田蔥粉，統一使用冬季食材—蔥。醬汁則是以鹿高湯和雪莉酒醋爲基底，爲這道帶有野性與細膩風味的鹿肉，添加適度的厚重感和香氣的複雜性。爲了增加咀嚼，讓食客細細品味肉的美味，還加入了口感紮實的蘑菇和堅果。用山椒粒和辣椒製成的「山椒辣椒」與核桃混合作爲辛香調味。

米麴發酵
白黴玉米餅、
魚子醬與
咖啡康普茶

料理主廚

田熊一衛｜L'éclaireur レクレルール

使用醬汁

咖啡康普茶醬汁 [p. 170]

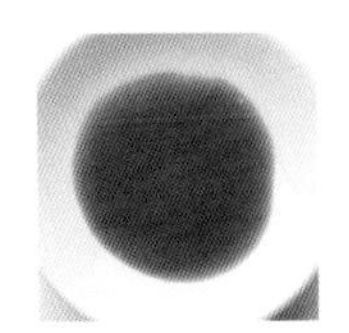

用蓬鬆的麴菌菌絲覆蓋的柔軟「米麴薄片」夾上魚子醬，並淋上帶有淡淡苦味和發酵酸味的「咖啡康普茶」醬汁。米麴薄片是將康提乳酪(comté)燉飯薄薄攤開，撒上種麴，放入發酵器中發酵3天製成，口感和風味類似卡門貝爾乳酪(camembert)的外皮。醬汁則是用加入了紅茶菌(SCOBY)發酵的咖啡康普茶搭配發酵奶油製成。田熊主廚原本就喜愛將這種咖啡康普茶當作調味料使用，並有「想直接利用這種風味製作醬汁」的想法。製作米麴和康普茶等發酵食品，從他在法國學藝時就開始研究。

珠雞・牛蒡

料理主廚

篠原和夫 | Restrant Kazu レストラン カズ

使用醬汁

牛蒡香氣的珠雞醬汁 [p. 174]

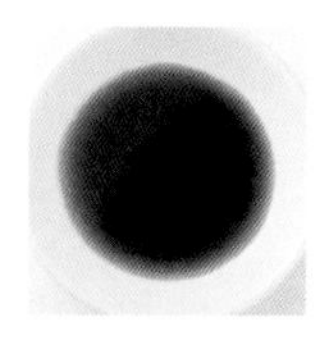

將珠雞的腿肉和內臟製作成去骨肉卷(ballotine),胸肉則進行烤製,骨架用來熬製高湯製作醬汁,完整利用來自熊本縣的珠雞。篠原主廚表示,「配合肉品和配菜的完成,在供應前最後一刻製作的芳香醬汁是美味的關鍵。」骨架烤至金黃,再迅速煮出高湯,每次營業時現做,以素炸牛蒡的香氣作爲最後的點綴。此外,配菜中的牛蒡由有機栽培的生產者供應,使用帶皮牛蒡製成泥、焦糖化和粉末。牛蒡的豐富滋味和香氣,能夠強烈地提升珠雞的鮮美。

稻稈燻鴨、牛蒡醬汁、舞茸、蔥、青柚子

料理主廚

中村和成｜LA BONNE TABLE ラ・ボンヌ・ターブル

使用醬汁

牛蒡醬汁 [p. 175]

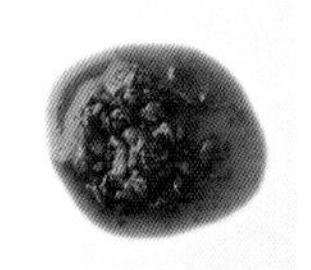

稻稈燻烤鴨胸肉，搭配以馬德拉酒和小牛高湯（fond de veau）爲基底，加入牛蒡的醬汁。牛蒡連皮切成細末，生的直接加入熬煮，其口感和泥土的香氣，展現鴨肉樸實而強勁的風味。此外，加入配菜中的舞茸，以煮濃的昆布高湯和蔥油加熱，增添醬汁的豐富味道。在擺盤時，將醬汁大量淋上，讓鴨肉的鮮美味道，在具深度的醬汁中更加突出。

金目鯛×西瓜×焦化蔬菜醬汁

料理主廚

江見常幸｜ Espice エスピス

使用醬汁

焦化蔬菜醬汁 [p. 180]

金目鯛帶著魚鱗煎炸，帶有「類似甲殼般的香氣」江見主廚說。爲了突顯這種風味，醬汁中沒有使用味道過強的肉類或魚類等動物性材料，而是搭配全素的醬汁。這種醬汁是用剩餘的蔬菜邊角料熬製的高湯，加入超過10種蔬菜翻炒後熬煮至濃稠。蔬菜切成小塊以增加梅納反應（Maillard reaction）的面積，增強與魚的香氣相呼應的苦味和鮮味。配菜包括香煎西瓜帶來的清甜、醃漬紅洋蔥的酸味，以及龍蝦油脂的粉末增添的甲殼類鮮味。

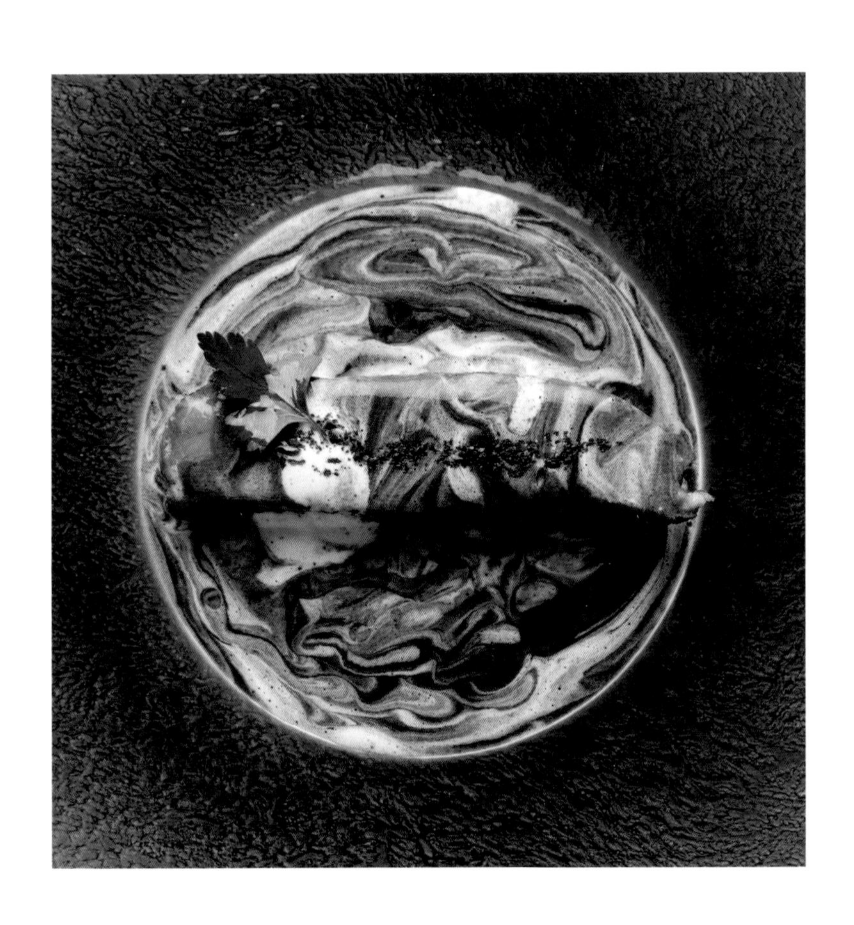

網捕綠頭鴨 燒烤
薩米斯醬汁

料理主廚

岸本直人 | naoto.K

使用醬汁

薩米斯醬汁 [p. 183]

傳統的薩米斯醬汁(sauce salmis)但不使用奶油乳化，而是用打發的鮮奶油來完成，這樣既能保持濃郁且帶有野性風味，又能實現輕盈的口感。鮮奶油不完全混合，使醬汁呈現大理石紋的效果，保持醬汁的清澈、特有的深色和過濾後的光澤。製作醬汁時，將綠頭鴨骨架用大量奶油煎炒至上色，增添風味和色澤，然後仔細去除油脂和浮沫。調整濃度時，加入清湯和內臟，但只達到覆蓋肉塊所需的最低限度。綠頭鴨則在冰箱中風乾約一週後，用平底鍋和烤箱將鴨皮煎脆，內部保持半熟，並在皮面以炭火燒烤。這道菜不加配菜，集中展現肉和醬汁的風味。

炭烤鹿肉（Sekuwa）

料理主廚

本田 遼｜ OLD NEPAL オールド ネパール

使用醬汁

水果阿查醬 [p. 192]

綠辣椒阿查醬 [p. 039]

稻稈燻番茄與喀什米爾辣椒的阿查醬 [p. 108]

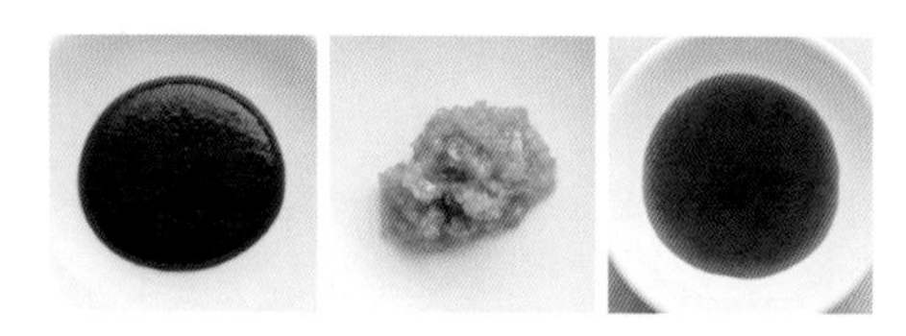

炭烤鹿肉（Sekuwa）是尼泊爾的炙燒肉料理。在這道菜中，使用了喜爾蒂姆胡椒（Sil Timur peppercorn）和肉桂葉等材料醃製，再以低溫烹調的鹿肉，放在檜木上炙燒，賦予其芳香。主要的醬汁是用西洋李、莓果和綜合香料（dalbhat masala）等材料煮成的水果阿查醬。作爲搭配，還有由稻稈燻番茄、紅甜椒和喀什米爾辣椒等製成，油狀的阿查醬。清口的配菜有綠辣椒阿查醬。本田主廚回憶起在加德滿都郊外的一家小餐館裡，一邊聞著草香一邊吃炭烤鹿肉的情景，於是在這道菜中添加了菠菜和菊花葉粉末，爲其增添青綠的風味。

毛蟹和梭子蟹

料理主廚

郡司一磨｜ Saucer ソーセ

使用醬汁

梭子蟹的亞美利凱努醬 [p. 195]

這道料理看起來像春卷，但卻是用新鮮腐皮（湯葉）包裹調味的毛蟹餡後炸煎而成，再擠上檸檬醬（lemon paste）。底部圓形的醬汁是由梭子蟹第一次高湯和再次用水煮出的第二次高湯混合，製成風味豐富的亞美利凱努醬，添加了三重清湯（triple consommé），以其濃厚的風味平衡了「甲殼類獨特的銳利風味」（郡司主廚說）。餡料中加入了用艾斯佩雷產辣椒粉（piment d'espelette）調味的毛蟹肉，以及用龍蒿調味增添清新感、切塊的檸檬增添酸味、和烤過的松子增添口感。醬汁中也加入了龍蒿等材料，以彰顯內餡的香氣和整體的一致性。

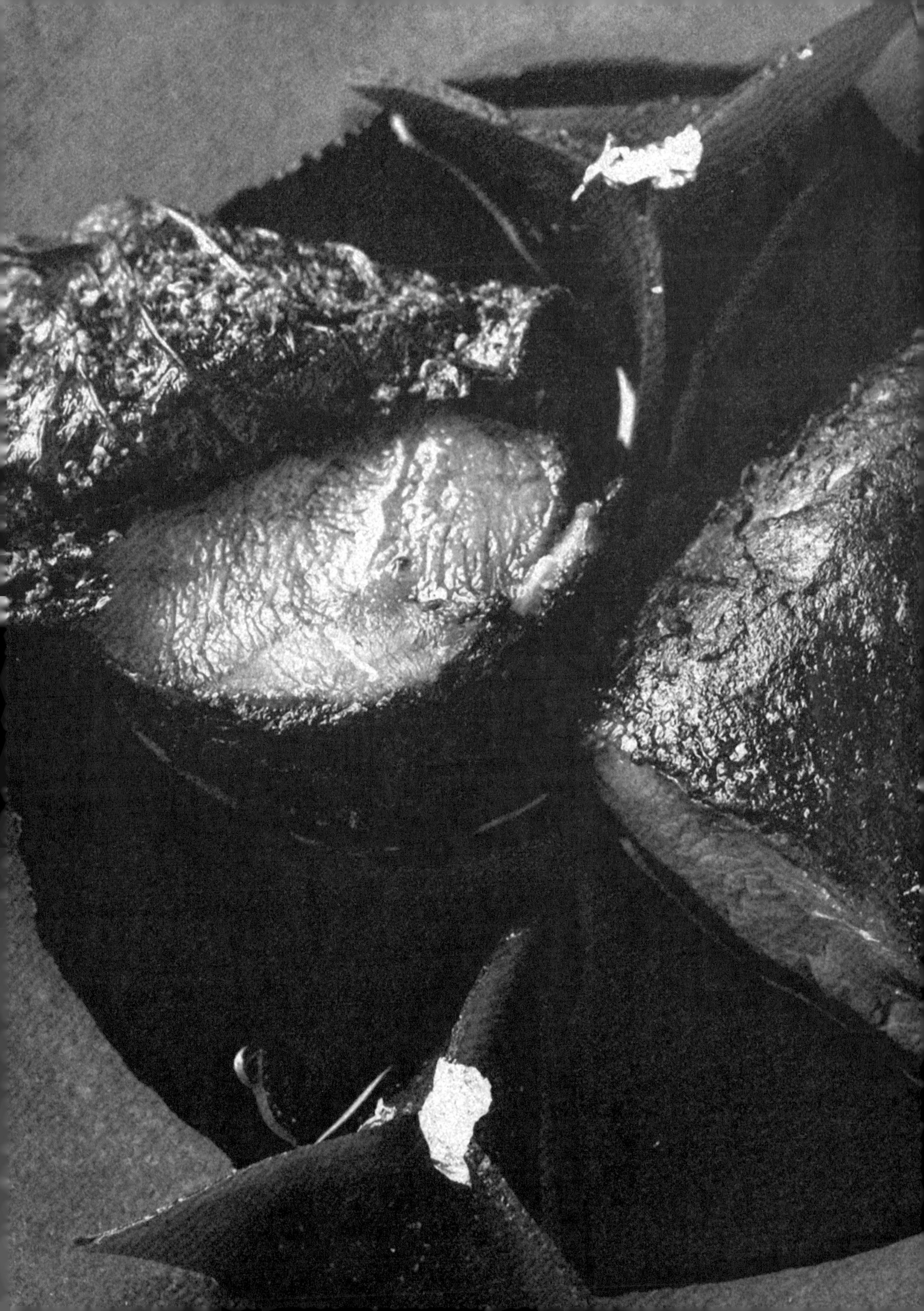

chapter 7

灰色與黑色醬汁

鮎魚肝醬

將鮎魚的肝臟混合香草和雪莉酒醋，製成口感滑順且濃郁的醬。

料理主廚

葛原将季｜ Reminiscence レミニセンス

料理應用

鮎魚 黑松露 [p. 227]

海鮮 醋

| 材料 |

鮎魚 … 10尾
橄欖油 … 5g
紅蔥頭 … 20g
大蒜 … 10g
雪利酒醋（Pedro Ximénez）… 20mL
龍蒿 … 3g
蒔蘿 … 3g
細香蔥 … 3g

| 作法 |

01 … 將鮎魚處理乾淨，取出內臟並去除具苦味的膽。
02 … 在倒了橄欖油的平底鍋中，炒切碎的紅蔥頭和大蒜。當紅蔥頭變軟後，加入處理好的內臟，稍微翻炒。
03 … 將02的材料和雪利酒醋放入醬汁鍋中加熱，保持在85℃左右溫熱約1分鐘。加入切碎的龍蒿、蒔蘿和細香蔥。

鮎魚醬

將鮎魚油封後，連同內臟一起過篩，製成美味帶有微苦的醬料。

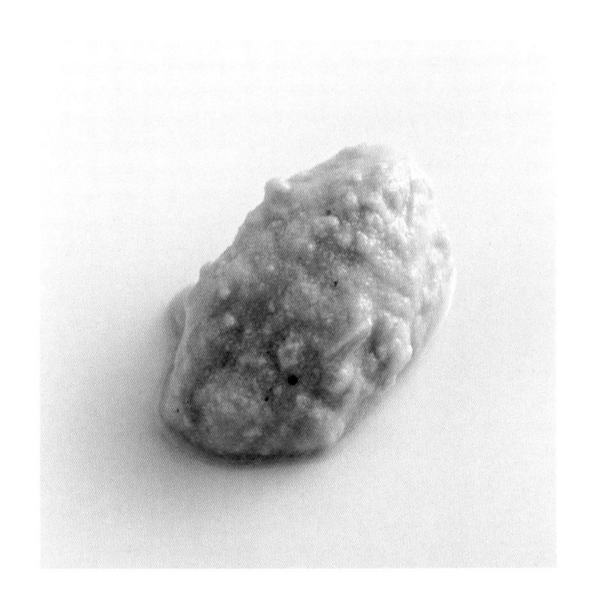

料理主廚

葛原将季｜ Reminiscence レミニセンス

料理應用

鮎魚 黑松露 [p. 227]

海鮮 蔬菜

｜材料｜

鮎魚 … 10尾
大蒜 … 1瓣
百里香 … 5g
蛤蜊高湯 … 50mL
燻製塊根芹（celery root）泥 … 50g
燉煮洋蔥（onion fondue）… 15g
鹽 … 適量

｜作法｜

01 … 將鮎魚去鱗，和大蒜、百里香一起放入鍋中，倒入橄欖油（分量外），用小火油封（confit）20分鐘。

02 … 去除油封後鮎魚的魚骨，將魚肉和內臟與蛤蜊高湯（省略解說）一起放入食品處理機中攪打。

03 … 將02的混合物過篩，加入燻製塊根芹泥和燉煮洋蔥（均省略解說），以鹽調味即可。

鮑魚肝醬

利用日本料理的手法炊煮鮑魚，再以橄欖的風味爲法國料理增色。

料理主廚

篠原和夫｜ Restrant Kazu レストラン カズ

料理應用

鮑魚料理

海鮮

｜材料｜

蒸鮑魚*的肝 … 5個
蒸鮑魚的蒸汁 … 100mL
濃口醬油 … 20mL
味醂 … 100mL
日本酒 … 100mL
生薑（薄切）… 5片
乾辣椒 … 1/2根
黑橄欖泥 … 1大匙
橄欖油 … 30mL

*— 這裡使用的蒸鮑魚是將每個重300～350g的鮑魚連殼與昆布、日本酒、白蘿蔔、乾辣椒、鹽一起蒸熟。這道醬料會用到肝和蒸汁。

｜作法｜

01 … 將所有材料放入鍋中煮，直到煮汁減少到原來的1/4量。

02 … 當01的混合物仍熱時，取出乾辣椒，然後用手持均質機攪打成光滑的泥狀。

鯷魚醬

這道鯷魚醬融合了香草、鯷魚和巴薩米可醋的美味，擁有如醬油般的存在感。

料理主廚

青木 誠｜ Les Frères AOKI レフ アオキ

料理應用

少量搭配煎烤的干貝或鮭魚

海鮮　醋　油　香草

｜**材料**｜

橄欖油 … 100mL
百里香 … 1枝
月桂葉 … 1片
蒜頭 … 3瓣
紅蔥頭 … 150g
鯷魚（魚片）… 60g
巴薩米可醋 … 200mL

｜**作法**｜

01 … 將橄欖油倒入鍋中加熱，加入百里香、月桂葉和蒜，炒至即將焦黃。加入切碎的紅蔥頭，繼續炒至釋出甜味。

02 … 加入鯷魚，用鍋鏟壓碎鯷魚的同時繼續加熱，然後倒入巴薩米可醋並充分煮至濃縮。

03 … 從02中取出百里香和月桂葉，以手持均質機攪打至略微保留部分顆粒狀即可。

松露醋醬

這道松露醋醬使用了松露和雪莉酒醋，強調了香氣元素。

料理主廚

後藤祐輔｜ AMOUR アムール

料理應用

適用於白子料理、鵝肝油封等

菇蕈　醋　油　肉

｜材料｜

松露汁（jus de truffle）… 50g
雪莉酒醋（煮至半量）… 30g
特級初榨橄欖油 … 30g
鹽 … 2g
雞肉清湯（consommé de volaille）
… 30g
鮎魚醬（アユ魚醤）… 10g
黑松露（切碎）… 30g

｜作法｜

01 … 將所有材料放入碗中，充分混合即可。

黑芝麻、亞麻籽、杏仁的阿查醬(achar)

這道阿查醬中加入了自家製的發酵檸檬阿查醬、孜然和香菜，香氣豐富。

料理主廚

本田 遼｜ OLD NEPAL オールド ネパール

料理應用

與其他阿查醬(achar)，一起搭配水牛饃饃(尼泊爾蒸餃)

香料　蔬菜　水果

材料

A(數字爲比例)

- 黑芝麻 … 3
- 亞麻仁 … 1
- 帶皮杏仁 … 1

B

- 發酵檸檬阿查醬* … A 重量的20%
- 檸檬汁 … A重量的6%
- 鹽 … A重量的4%
- 磨碎的大蒜 … A重量的3%
- 磨碎的生薑 … A重量的3%
- 孜然粉 … 少量
- 香菜粉 … 少量

水 … 適量

*— 發酵檸檬阿查醬：將煮沸後適當切碎的檸檬，與鹽、大略壓碎的棕色芥末籽、孜然粉、辣椒粉、綜合香料(dalbhat masala)、經過炒香的葫蘆巴(fenugreek)混合，裝入瓶中，倒入葵花油，放入5°C的冰箱中靜置2個月。本田主廚的綜合香料是將芥末籽、孜然、葫蘆巴籽混合並炒香，再與炒過的喜爾蒂姆胡椒(Sil Timur peppercorn)、茴香籽和肉桂混合而成的原創綜合香料。

作法

01 … 將A的黑芝麻、亞麻仁和杏仁混合，用咖啡研磨機研磨至略帶顆粒感。

02 … 將B的材料加入01中，混合均勻。再加入適量的水，調整到自己喜歡的濃度即可。

黑松露醬汁

這道黑松露醬汁以蛤蜊高湯來支撐其濃郁的芳香。

料理主廚

葛原将季｜ Reminiscence レミニセンス

料理應用

鮎魚 黑松露 [p. 227]

菇蕈　海鮮

｜材料｜

市售松露汁(jus de truffle)… 100mL
水 … 50mL
花生油 … 150mL
黑松露 … 100g
蛤蜊高湯 … 100mL
增稠劑(Sosa黃原膠xantana)… 適量
鹽 … 適量

｜作法｜

01 … 將所有材料放入碗中(黑松露切成適當大小)。

02 … 使用手持均質機攪打，直到松露變成細小的顆粒狀。

乳鴿的皇家醬汁 (sauce royale)

透過醃料、湯底和煮汁三種結構，層層疊加乳鴿的鮮美。

料理主廚

JP Kawai | AMPHYCLES アンフィクレス

料理應用

皇家風乳鴿 [p. 228]

肉

| 材料 |

乳鴿醃料*1 … 500mL
乳鴿高湯*2 … 150mL
醃好的乳鴿*3 … 1隻
豬血 … 20g
白蘭地 … 5mL
鹽 … 適量
發酵奶油 … 10g

*1 — 將乳鴿胸肉、剁碎的腿肉和內臟，加入松露和肥肝，用豬背脂包裹，再用紅酒和香味蔬菜醃漬24小時，然後過濾取液體。
*2 — 將乳鴿的骨頭、筋和皮放入鍋中炒香，加入大蒜後放入210℃的烤箱中烤約20分鐘。擦去鍋底多餘的油脂，加水溶出鍋底精華(déglacer)。再加入足夠的水蓋過食材，煮1小時，過濾後濃縮至剩下1/3量。
*3 — 使用「乳鴿醃料」醃漬過的乳鴿肉。

| 作法 |

01 … 將乳鴿醃料在鍋中煮至濃稠鏡面狀(miroir)。
02 … 加入乳鴿高湯，繼續煮至剩下一半量。
03 … 將醃好的乳鴿肉放入，鴿胸肉朝上。並在240℃的烤箱中烘烤約9分鐘，期間不斷用煮汁澆淋。
04 … 將乳鴿取出，剩餘的煮汁加入豬血和白蘭地繼續煮。用細孔濾網過濾，以鹽調味，最後加入發酵奶油使醬汁混合乳化(monter)。

蠑螺肝醬汁

這道醬汁使用蠑螺的肝，再加入紅波特酒、馬德拉酒和紅酒煮至濃縮，呈現複雜的風味。

料理主廚

葛原将季｜ Reminiscence レミニセンス

料理應用

鰻　燻製豆腐 [p. 229]

海鮮　酒精　肉

｜材料｜

蠑螺肝 … 20g
紅波特酒 … 15mL
馬德拉酒 … 15mL
紅酒 … 15mL
牛肉清湯（consommé）… 30mL
鹽 … 適量

｜作法｜

01 … 將「燻製豆腐白和」中保留的蠑螺肝過濾成細泥。
02 … 在鍋中混合紅波特酒、馬德拉酒和紅酒，煮至濃稠。
03 … 加入牛肉清湯（省略解說），繼續煮至呈現濃稠感，然後用鹽調味。
04 … 將過濾好的蠑螺肝加入醬汁中，混合至均勻融合即可。

蠑螺醬汁

這道醬汁以蠑螺的肝爲基底，加入切碎的蠑螺增添口感和風味，並用雪莉酒醋提味。

料理主廚

中村和成｜LA BONNE TABLE ラ・ボンヌ・ターブル

料理應用

稻稈燻製的鰹魚、蠑螺醬、烤茄子和海蓬子 [p. 230]

海鮮　醋

｜材料｜

蠑螺 … 4個
雪利酒醋（Pedro Ximénez）… 40mL
紅蔥頭 … 15g
特級初榨橄欖油 … 適量

｜作法｜

01 … 從蠑螺殼中取出肉和肝，以及殼內的汁液。

02 … 將01的汁液倒入鍋中加熱，加入蠑螺的肉和肝加熱。肉煮熟後取出切碎。

03 … 用手持均質機攪打02的汁液和肝，過濾後加入雪莉酒醋和切碎的紅蔥頭，再用特級初榨橄欖油混合。

04 … 上菜前將02的蠑螺肉加入03混合，若味道不足可加適量鹽（分量外）。

甲魚肉醬（ragu）

使用燉煮的甲魚肉，加入雪莉醋調味的肉醬。

料理主廚

葛原将季｜ Reminiscence レミニセンス

料理應用

烤甲魚肉醬鑲綠竹筍

醋　酒精　其他

｜材料｜

甲魚（雌性）… 1隻（約900g）
水 … 2L
日本酒 … 適量
雪莉酒醋 … 適量
雪莉酒醋醬汁 [p. 177] … 適量
鹽 … 適量
胡椒 … 適量
細香蔥 … 適量
平葉巴西利 … 適量

｜作法｜

01 … 甲魚肉清理後，放入85℃的水中汆燙，去除表皮。

02 … 用水和日本酒將甲魚肉煮熟。煮熟後取出卵（卵用於最後裝飾）。繼續煮甲魚肉至軟爛，大約90分鐘。

03 … 將02煮熟的甲魚肉放涼後取出，去骨後冷藏以便凝固。將煮汁繼續煮至濃稠。

04 … 切碎03的甲魚肉，加入煮至濃稠的煮汁。加入雪莉酒醋、雪莉酒醋醬汁、鹽、胡椒、切碎的細香蔥和平葉巴西利，混合均勻。

辣椒阿查醬

添加了乾燥紅辣椒和2種不同的香料，成爲香氣濃郁且帶有辛辣風味的辣椒油。

料理主廚

本田 遼｜OLD NEPAL オールド ネパール

料理應用

尼泊爾餃Sha phaley [p. 032]

香料　油

材料

葵花油 … 100g
鹽 … 3g
大蒜 … 5g
生薑 … 5g
烤紅辣椒（印度產，整粒）… 10g
喜爾蒂姆胡椒（Sil Timur peppercorn）… 3g
喜爾蒂姆胡椒（來自珠穆朗瑪峰山下索盧坤布）* … 3g

*— 這是一種香氣濃郁但較少刺激性的特別香料品種。珠穆朗瑪峰是尼泊爾東北部喜馬拉雅山脈北麓地區的地名。

作法

01 … 將所有材料放入食物料理機中攪打均匀。

鴿子與烏賊墨醬

結合具有不同領域種類的材料，以突顯鴿子的風味。

料理主廚

山本聖司｜ La Tourelle ラ・トゥーエル

料理應用

旺代產烤鴿 [p. 231]

肉 海鮮

｜材料｜

紅蔥頭 … 80g
大蒜 … 30g
鴿子的骨架 … 約5隻份量
鴿汁（jus de pigeon）… 200mL
烏賊墨汁 … 10g
烏賊的內臟 … 150g
水 … 少量

｜作法｜

01 … 在鍋中加熱橄欖油（分量外），炒香切碎的紅蔥頭和大蒜，加入切碎的鴿骨，繼續炒至金黃色。

02 … 加入鴿汁（省略解說）、烏賊墨汁、烏賊的內臟和少量水，煮沸20～30分鐘，然後過濾。

馬賽魚湯醬汁（Bouillabaisse）

使用石斑魚骨中萃取出來的清澈湯汁，加入烏賊墨汁和茴香酒，使味道更濃郁。

料理主廚

相原 薰｜Simplicité サンプリシテ

料理應用

鐵板石斑魚（plancha）

海鮮　酒精

｜材料｜

紅蔥頭⋯30g＋20g
大蒜⋯2g
烏賊內臟和烏賊墨汁⋯共200g
茴香酒⋯100g
普羅旺斯香草（herbes de Provence）⋯2g
番紅花⋯少量
石斑魚的魚湯*⋯500mL
玉米粉⋯少量

*— 從長崎縣五島列島上捕撈新鮮的石斑魚骨經過180℃的烤箱燒烤後，加水熬煮，迅速濾出湯汁，注意不要壓碎魚骨，才能維持清澈。

｜作法｜

01⋯鍋中倒入橄欖油（分量外），加入切碎的30g紅蔥頭、大蒜、烏賊內臟和和烏賊墨汁，炒香。

02⋯加入茴香酒、普羅旺斯香草、番紅花和石斑魚的魚湯。

03⋯另一個平底鍋，倒入橄欖油（分量外），加入切碎的20g紅蔥頭炒香。

04⋯將03加入02中攪拌均勻，然後過濾。將過濾後的混合物倒回鍋中，加入玉米粉調至濃稠。

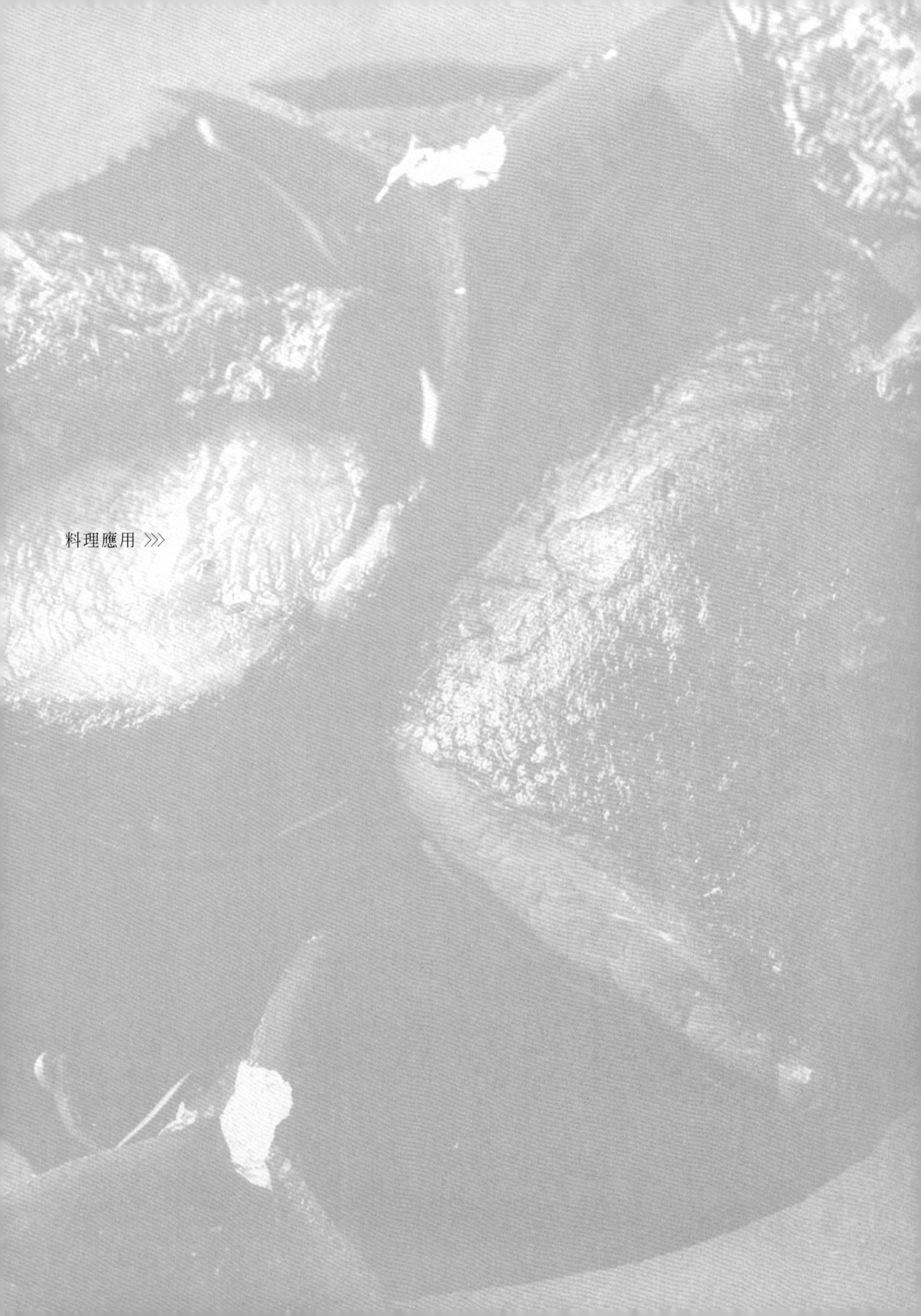

料理應用 >>>

鮎魚 黑松露

料理主廚

葛原将季 | Reminiscence レミニセンス

使用醬汁

鮎魚肝醬 [p. 212]

鮎魚醬 [p. 213]

黑松露醬汁 [p. 218]

生菜和蓼的泥狀醬汁 [p. 041]

蓼葉醬汁 [p. 043]

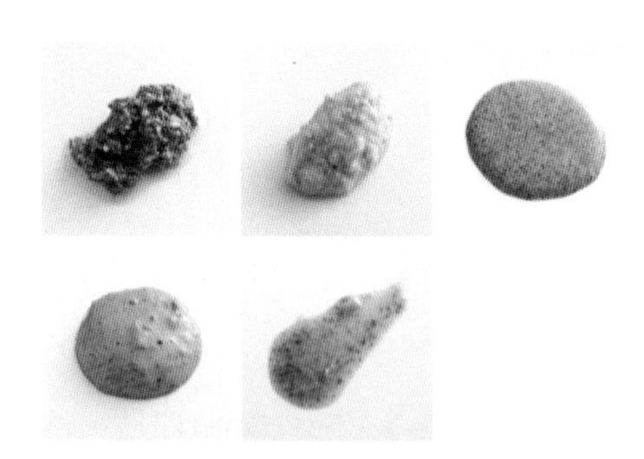

三片切的香魚肉炸至酥脆，再放上一隻以炭火烤的小型香魚，並撒上大量黑松露的前菜。炸香魚的腹部重新填入由香魚內臟、香味蔬菜和雪莉酒醋混合加熱後製成的鮎魚肝醬，作爲醬汁。此外，在盤子上大膽地畫上黑松露醬汁，爲香魚增添不同角度的豐富香氣。點綴其間的綠色醬汁是蓼葉醬汁和生菜和蓼的泥，它們都擁有與香魚相似的清新氣味。炸魚和炭火烤魚之間還藏有香魚油封(confit)製成的鮎魚醬，作爲橋梁連接兩者的口感和風味，並進一步強調香魚的獨特風味。

皇家風乳鴿

料理主廚

JP Kawai | AMPHYCLES アンフィクレス

使用醬汁

乳鴿的皇家醬汁 [p. 219]

這道風味濃郁的肉料理，利用燉煮乳鴿時所產生的美味煮汁作爲醬汁。乳鴿胸肉內，加入切碎的腎臟和肝臟與鴿腿碎肉混合，再夾入肥肝(foie gras)和松露，用豬網油包裹。將其與香味蔬菜和香草一起用紅酒醃漬。隔天，將醃汁煮至濃縮，加入乳鴿高湯再次煮至濃縮，作爲醬汁的基底。將乳鴿放入基底中，加熱並不斷淋上醬汁使其均勻受熱。將煮至粉紅色的乳鴿取出，並將鍋中的煮汁加入豬血、白蘭地和發酵奶油，製成醬汁。搭配手工捲成筒狀的義大利麵，並擠上甜菜和馬鈴薯泥作爲配菜。

鰻 燻製豆腐

料理主廚

葛原将季｜ Reminiscence レミニセンス

使用醬汁

蠑螺肝醬汁 [p. 220]

燻製豆腐白和 [p. 016]

蘋果醋果凍 [p. 084]

曾在鰻魚料理店工作的葛原主廚，自開業以來持續推出鰻魚料理，並成爲自家餐廳的招牌菜。這道料理的鰻魚以炭火燒烤，並依季節變換搭配的醬汁和配菜。同樣以炭火燒烤的鰻魚肝和細切的蠑螺（サザエ）肉，加入具有相似香氣的燻製豆腐，製成白和，創造出鮮美且略帶苦味的醬汁。這道料理還搭配了蘋果醋果凍，增添甜酸風味，以及用馬德拉酒、紅波特酒和牛肉清湯熬煮濃縮的蠑螺肝醬汁，層次豐富的美味令人回味無窮。

稻稈燻製的鰹魚、蠑螺醬、烤茄子和海蓬子

料理主廚

中村和成｜LA BONNE TABLE ラ・ボンヌ・ターブル

使用醬汁

蠑螺醬汁 [p. 221]

烤茄子泥 [p. 194]

將鰹魚像半敲燒（たたき）一樣用稻稈燻烤，搭配以蠑螺（サザエ）肉和肝製成的濃郁醬汁，並佐以燒烤圓茄（赤ナス）製成的甜美醬汁。這道菜中的蠑螺醬汁加入了切碎的蠑螺肉，增添了豐富的口感。2種醬汁和鰹魚以隨意重疊的方式擺放，使食客無論從哪裡開始吃，都能同時品嚐到這三者的風味（中村主廚說）。此外，還加入了燙過的海蓬子和海帶芽，增添新鮮的口感。這道前菜自餐廳開業以來，每年初夏和初秋都會呈現。

旺代產烤鴿

料理主廚

山本聖司 | La Tourelle ラ•トゥーエル

使用醬汁

鴿子與烏賊墨醬 [p. 224]

將烤鴿肉的表面塗上黑蒜泥，再用噴槍炙燒，增添甜酸的香氣和風味。配菜有甜菜根片，包裹著甜菜根泥和切碎的美國櫻桃製成的“ravioli義大利餃”，帶來水果的酸味，還有紫色高麗菜脆片，增添酥脆的口感。這道菜搭配的是烤過的鴿骨、鴿汁（jus de pigeon）、烏賊墨和烏賊內臟一起煮出的黑色醬汁。「我希望能添加與鴿子不同領域的美味，讓味道更豐富」（山本主廚表示）。這款醬汁的靈感來自烏賊墨肉醬。整道菜使用紅色餐盤，在盤子上呈現紅黑兩色，營造出鮮明印象的肉料理。

依醬汁種類索引

醋爲基底的醬汁

＊[ ] 內是料理主廚

—

番茄涙與柚子醬 [岸本] … 069
貝亞恩斯醬 [岸本] … 073
蘋果醋果凍 [葛原] … 084
草莓香醋醬汁 [青木] … 086
異國風味醬汁 [田熊] … 088
修隆醬 [石崎] … 097
紅酒醬 (marchand de vin) [青木] … 098
松露番茄醋汁 [岸本] … 099
法式酸辣醬 (ravigote) [後藤] … 107
香草醋汁 [今橋] … 124
魚子醬的奶油白酒醬汁 [青木] … 130
蛋黃醬 (美乃滋) [Kawai] … 139
山葵葉的白酒奶油醬汁 [後藤] … 147
蘑菇和堅果雪利醋醬汁 [後藤] … 168
雪利酒醋與葡萄乾的酸甜醬 [葛原] … 176
鮎魚肝醬 [葛原] … 212
鮎魚肝醬 [青木] … 215
鮎魚肝醬 [後藤] … 216
鮎魚肝醬 [葛原] … 221
甲魚肉醬 (ragu) [葛原] … 222

蛋黃爲基底的醬汁

—

蓼葉醬汁 [葛原] … 043
魯耶醬 (sauce Rouille) [谷] … 067
貝亞恩斯醬 [岸本] … 073
修隆醬 [石崎] … 097
菊苣泡菜與榛果醬汁 [田熊] … 100
蛋黃醬 (美乃滋) [Kawai] … 139
馬爾地夫魚和茉莉香米湯 [Kawai] … 145

油爲基底的醬汁

—

香草庫利 (coulis) [Kawai] … 040
蓼葉醬汁 [葛原] … 043
羅勒油 [石崎] … 045
發酵番茄和檸檬百里香醬汁 [加藤] … 046
薄荷油 [石崎] … 049
芝麻葉阿查醬 [本田] … 050
「Aji amarillo」辣椒醬 [仲村渠] … 061
魯耶醬 (sauce Rouille) [谷] … 067
番茄涙與柚子醬 [岸本] … 069
發酵蔬菜調味醬 [佐々木] … 070
燈籠果泥 [木屋・佐藤] … 072
草莓香醋醬汁 [青木] … 086
異國風味醬汁 [田熊] … 088
乾燥甜蝦調味醬 [今橋] … 092
松露番茄醋汁 [岸本] … 099
稻稈燻番茄與喀什米爾辣椒的阿查醬 [本田] … 108
香草醋汁 [今橋] … 124
濃縮牡蠣風味調味醬 [今橋] … 126
橄欖油和辣椒醬 [本田] … 128
蛋黃醬 (美乃滋) [Kawai] … 139
稻稈風味醬汁 [田熊] … 196
鮎魚肝醬 [青木] … 215
鮎魚肝醬 [後藤] … 216
辣椒阿查醬 [本田] … 223

酒精爲基底的醬汁

—

茴香醬汁 [篠原] … 011
茉莉香米醬汁 [內藤] … 017
乳清白醬汁 [田熊] … 022
蕪菁白酒醬汁 [植木] … 037
甜柑橘醬 [篠原] … 064
春季高麗菜醬 [篠原] … 071
貝亞恩斯醬 [岸本] … 073
安地庫喬醬 (anticucho) [仲村渠] … 085
紅酒醬 (marchand de vin) [青木] … 098
燈籠果醬 [木屋・佐藤] … 102
紅色蘿蔔醬汁 [篠原] … 104
馬頭魚高湯醬汁 [後藤] … 122
石狗公醬汁 [谷] … 127
魚子醬的奶油白酒醬汁 [青木] … 130
鼠尾草馬德拉醬 [植木] … 133
阿爾布費拉醬 [江見] … 134
苦艾酒醬汁 茴香酒增香 [郡司] … 135
索甸甜白酒醬 [青木] … 137
曼薩尼亞雪利酒的奶油白酒醬汁 [Kawai] … 143
山葵葉的白酒奶油醬汁 [後藤] … 147
紅酒醬汁 [谷] … 161
紅酒與蘋果醬汁 [青木] … 162
星鰻精華醬汁 [岸本] … 163
柿子醬汁 蘭姆酒和角豆風味 [今橋] … 165
蘑菇和堅果雪利醋醬汁 [後藤] … 168
牛蒡醬汁 [中村] … 175
雪利酒醋醬汁 [葛原] … 177
紅酒醬汁 [Kawai] … 182
薩米斯醬汁 (sauce salmis) [岸本] … 183
薩米斯醬汁 [高木] … 184
波特酒醬汁 [Kawai] … 185
波爾多醬 (sauce Bordelaise) [郡司] … 186
海螺肝醬汁 [葛原] … 220
甲魚肉醬 (ragu) [葛原] … 222
馬賽魚湯醬汁 [相原] … 225

乳製品爲基底的醬汁

—

稻稈醬汁 [加藤] … 010
松露鮮奶油 [江見] … 015
沙克卡姆 [本田] … 018
乳酪醬汁 [後藤] … 019
白色番茄醬汁 [篠原] … 020
乳清白醬汁 [田熊] … 022
淡菜醬汁 [相原] … 023
優格冰粉 [石崎] … 024
奧科帕醬汁 [仲村渠] … 036
蕪菁白酒醬汁 [植木] … 037
貝亞恩斯醬 [岸本] … 073
烤玉米醬 [中村] … 074
乾燥甜蝦調味醬 [今橋] … 092
修隆醬 [石崎] … 097
紅酒醬 [青木] … 098
菊苣泡菜與榛果醬汁 [田熊] … 100
鮎魚醬 [後藤] … 123
牛肉清湯和低脂酪乳泡沫醬汁 [今橋] … 125
石狗公醬汁 [谷] … 127
橄欖油和辣椒醬 [本田] … 128
魚子醬的奶油白酒醬汁 [青木] … 130
焦化奶油醬 [飯塚] … 131
苦艾酒醬汁 茴香酒增香 [郡司] … 135
索甸甜白酒醬 [青木] … 137

龍蝦醬汁（sauce bisque）［高木］… 138
焦化奶油醬汁［岸本］… 141
曼薩尼利亞雪利酒的奶油白酒醬汁［Kawai］… 143
山葵葉的白酒奶油醬汁［後藤］… 147
加入肝臟奶油的鴨汁［今橋］… 169
焦糖洋蔥汁、焦化奶油（beurre noisette）［今橋］… 171
焦糖鳳梨與長胡椒醬汁［內藤］… 172
棕色焦化奶油醬汁［木屋・佐藤］… 173
焦化奶油牛肝蕈醬汁［植木］… 189
牛肝蕈醬汁［郡司］… 193

海鮮和高湯的醬汁

—

牡蠣精華泡沫（espuma）［石崎］… 013
茉莉香米醬汁［內藤］… 017
乳酪醬汁［後藤］ … 019
雞節和魚湯精華 椰奶 檸檬葉［今橋］… 021
淡菜醬汁［相原］… 023
生菜和蓼的泥［葛原］… 041
紫蘇醬汁［郡司］… 042
冬瓜庫利（coulis）［飯塚］… 044
生魚片醬汁［仲村渠］… 066
春季高麗菜醬［篠原］… 071
紅色蘿蔔醬汁［篠原］… 104
味噌濃湯醬（bisque sauce）［篠原］… 105
朝鮮薊醬汁［佐々木］… 120
蛤蜊高湯醬汁［田熊］… 121
馬頭魚高湯醬汁［後藤］… 122
鮎魚醬［後藤］… 123
濃縮牡蠣風味調味醬［今橋］… 126
石狗公醬汁［谷］… 127
魚子醬的奶油白酒醬汁（beurre blanc sauce）［青木］… 130
苦艾酒醬汁 茴香酒增香［郡司］… 135
索甸甜白酒醬（sauce Sauternes）［青木］… 137
馬賽魚湯醬汁（bouillabaisse sauce）［岸本］… 140
馬爾地夫魚和茉莉香米湯［山本］… 145
星鰻精華醬汁［岸本］… 163
乾燥蔬菜和鮪魚柴魚醬汁［相原］… 166
豆鼓和米糠漬魚醬［郡司］… 187
鮎魚肝醬［葛原］… 212
鮎魚醬［葛原］… 213
鮑魚肝醬［篠原］… 214
鮎魚肝醬［青木］… 215
黑松露醬汁［篠原］… 218
海螺肝醬汁［葛原］… 220
鮎魚肝醬［中村］… 221
鴿子與烏賊墨醬［山本］… 224
馬賽魚湯醬汁［相原］… 225

甲殼類的醬汁

—

奧科帕醬汁［仲村渠］… 036
異國風味醬汁［田熊］… 088
龍蝦乳化醬汁［飯塚］… 090
乾燥甜蝦調味醬［今橋］… 092
味噌濃湯醬（bisque sauce）［篠原］… 105
龍蝦醬汁（sauce bisque）［高木］… 138
馬賽魚湯醬汁（bouillabaisse sauce）［岸本］… 140
布列斯雞與龍蝦醬汁［岸本］… 142
梭子蟹的亞美利凱努醬（sauce américaine）［郡司］… 195

肉與其高湯的醬汁

—

稻稈醬汁［加藤］… 010
竹筍泥［葛原］… 025
牛肉清湯凍［高木］… 062
Carnitas味噌醬［木屋・佐藤］… 091
燻製紅椒醬［後藤］… 093
燻製骨髓醬［加藤］… 096
法式酸辣醬（ravigote）［後藤］… 107
朝鮮薊醬汁［佐々木］… 120
馬頭魚高湯醬汁［後藤］… 122
鮎魚醬［後藤］… 123
香草醋汁［今橋］… 124
牛肉清湯和低脂酪乳泡沫醬汁［今橋］… 125
石狗公醬汁［谷］… 127
橄欖油和辣椒醬［本田］… 128
蘑菇煮汁［岸本］… 129
焦化奶油醬［飯塚］… 131
檸檬葉風味的羊肉汁［石崎］… 132
鼠尾草馬德拉醬［植木］… 133
阿爾布費拉醬（sauce Albuféra）［江見］… 134
血醬汁（sauce au sang）［谷］… 136
布列斯雞與龍蝦醬汁［岸本］… 142
茗荷與奧勒岡醬汁［田熊］… 144
兔肉醬汁（lapin sauce）［Kawai］… 146
加了赤味噌的香菇碎（duxelle）［今橋］… 160
紅酒醬汁［谷］… 161
紅酒與蘋果醬汁［青木］… 162
鵪鶉醬汁［郡司］… 164
季節蔬菜的摩爾醬（sauce mole）［木屋・佐藤］… 167
蘑菇和堅果雪利醋醬汁［後藤］… 168
加入肝臟奶油的鴨汁［今橋］… 169
焦糖洋蔥汁、焦化奶油［今橋］… 171
牛蒡香氣的珠雞醬汁［篠原］… 174
牛蒡醬汁［中村］… 175
雪利酒醋醬汁［葛原］… 177
自製肉醬和黑蒜、雞湯醬汁［本田］… 178
雞汁（jus de volaille）［Kawai］… 179
紅酒醬汁［Kawai］… 182
薩米斯醬汁（sauce salmis）［岸本］… 183
薩米斯醬汁［高木］… 184
波特酒醬汁［Kawai］… 185
波爾多醬［郡司］… 186
豆鼓和米糠漬魚醬［郡司］… 187
鴿內臟醬汁［青木］… 188
焦化奶油牛肝蕈醬汁［植木］… 189
豬頭肉凍（fondant）［今橋］… 190
豬肉醬汁［佐々木］… 191
牛肝蕈醬汁［郡司］… 193
稻稈風味醬汁［田熊］… 196
乳鴿的皇家醬汁［Kawai］… 219
海螺肝醬汁［葛原］… 220
鴿子與烏賊墨醬［山本］… 224

蔬菜的醬汁

—

茴香醬汁［篠原］… 011
毛豆泡沫［高木］… 012
蕪菁醬汁［岸本］… 014
白色番茄醬汁［篠原］… 020
竹筍泥［葛原］… 025

蕪菁白酒醬汁［植木］… 037
黃瓜青檸醬汁［佐々木］… 038
綠辣椒阿查醬（chili achar）［本田］… 039
生菜和蓼的泥［葛原］… 041
蓼葉醬汁［葛原］… 043
冬瓜庫利（coulis）［飯塚］… 044
發酵番茄和檸檬百里香醬汁［加藤］… 046
韭蔥醬汁［佐々木］… 047
萬願寺甜辣椒冷湯醬汁［岸本］… 048
「Aji amarillo」辣椒醬［仲村渠］… 061
柿子的莎莎醬（pico de gallo）［木屋・佐藤］… 063
生魚片醬汁［仲村渠］… 066
番茄果凍［山本］… 068
番茄淚與柚子醬［岸本］… 069
發酵蔬菜調味醬［佐々木］… 070
春季高麗菜醬［篠原］… 071
貝亞恩斯醬［岸本］… 073
烤玉米醬［中村］… 074
燻製紅椒醬［中村］… 087
Mexican Pepperleaf發酵番茄醬［木屋・佐藤］… 089
Carnitas味噌醬［木屋・佐藤］… 091
燻製紅椒醬［後藤］… 093
紅芯蘿蔔和仙人掌的莎莎醬［木屋・佐藤］… 094
喜爾蒂姆胡椒與番茄的香料醬汁［本田］… 095
修隆醬［石崎］… 097
松露番茄醋汁［岸本］… 099
菊苣泡菜與榛果醬汁［田熊］… 100
越南風味番茄醬［內藤］… 103
紅色蘿蔔醬汁［篠原］… 104
味噌濃湯醬（bisque sauce）［篠原］… 105
燉蔬菜冰淇淋［江見］… 106
法式酸辣醬（ravigote）［後藤］… 107
稻稈燻番茄與喀什米爾辣椒的阿查醬［本田］… 108
朝鮮薊醬汁［佐々木］… 120
蛤蜊高湯醬汁［田熊］… 121
檸檬葉風味的羊肉汁［石崎］… 132
茗荷與奧勒岡醬汁［田熊］… 144
山葵葉的白酒奶油醬汁［後藤］… 147
加了赤味噌的香菇碎（duxelle）［今橋］… 160
乾燥蔬菜和鮪魚柴魚醬汁［相原］… 166
季節蔬菜的摩爾醬（sauce mole）［木屋・佐藤］… 167
焦糖洋蔥汁、焦化奶油［今橋］… 171
牛蒡香氣的珠雞醬汁［篠原］… 174
牛蒡醬汁［中村］… 175
焦化蔬菜醬汁［江見］… 180
豬頭肉凍（fondant）［今橋］… 190
烤茄子泥［中村］… 194
鮎魚醬［葛原］… 213
鮎魚肝醬［青木］… 215
黑芝麻、亞麻籽、杏仁的阿查醬（achar）［本田］… 217

菇蕈的醬汁

—

松露鮮奶油［江見］… 015
松露番茄醋汁［岸本］… 099
朝鮮薊醬汁［佐々木］… 120
蘑菇煮汁［岸本］… 129
加了赤味噌的香菇碎［今橋］… 160
蘑菇和堅果雪利醋醬汁［後藤］… 168
焦化奶油牛肝蕈醬汁［植木］… 189
牛肝蕈醬汁［郡司］… 193
鮎魚肝醬［後藤］… 216
黑松露醬汁［葛原］… 218

香草的醬汁

—

茉莉香米醬汁［內藤］… 017
雞節和魚湯精華 椰奶 檸檬葉［今橋］… 021
香草庫利（coulis）［Kawai］… 040
羅勒油［石崎］… 045
發酵番茄和檸檬百里香醬汁［加藤］… 046
薄荷油［石崎］… 049
芝麻葉阿查醬［本田］… 050
生魚片醬汁［仲村渠］… 066
發酵蔬菜調味醬［佐々木］… 070
貝亞恩斯醬［岸本］… 073
異國風味醬汁［田熊］… 088
洛神花泡沫［山本］… 101
檸檬葉風味的羊肉汁［石崎］… 132
鼠尾草馬德拉醬［植木］… 133
茗荷與奧勒岡醬汁［田熊］… 144
鮎魚肝醬［青木］… 215

香料的醬汁

—

奧科帕醬汁［仲村渠］… 036
綠辣椒阿查醬（chili achar）［本田］… 039
「Aji amarillo」辣椒醬［仲村渠］… 061
甜辣醬［內藤］… 065
安地庫喬醬（anticucho）［仲村渠］… 085
Mexican Pepperleaf發酵番茄醬［木屋・佐藤］… 089
Carnitas味噌醬［木屋・佐藤］… 091
喜爾蒂姆胡椒與番茄的香料醬汁［本田］… 095
越南風味番茄醬［內藤］… 103
稻稈燻番茄與喀什米爾辣椒的阿查醬［本田］… 108
季節蔬菜的摩爾醬（sauce mole）［木屋・佐藤］… 167
焦糖鳳梨與長胡椒醬汁［內藤］… 172
自製肉醬和黑蒜、雞湯醬汁［本田］… 178
水果阿查醬（fruit achar）［本田］… 192
黑芝麻、亞麻籽、杏仁的阿查醬（achar）［本田］… 217
辣椒阿查醬［本田］… 223

水果的醬汁

—

黃瓜青檸醬汁［佐々木］… 038
青橘汁［中村］… 060
柿子的莎莎醬（pico de gallo）［木屋・佐藤］… 063
甜柑橘醬［篠原］… 064
番茄淚與柚子醬［岸本］… 069
燈籠果泥［木屋・佐藤］… 072
草莓香醋醬汁［青木］… 086
Carnitas味噌醬［木屋・佐藤］… 091
燈籠果醬［木屋・佐藤］… 102
越南風味番茄醬［內藤］… 103
紅酒與蘋果醬汁［青木］… 162

柿子醬汁 蘭姆酒和角豆風味［今橋］…165
焦糖鳳梨與長胡椒醬汁［內藤］…172
雪利酒醋與葡萄乾的酸甜醬［葛原］…176
水果阿查醬（fruit achar）［本田］…192
黑芝麻、亞麻籽、杏仁的阿查醬（achar）［本田］…217

其他材料的醬汁

＊［ ］內是使用的材料 | 料理主廚

—

稻稈醬汁［稻稈 | 加藤］…010
燻製豆腐白和［豆腐 | 葛原］…016
甜辣醬［魚露 | 內藤］…065
燻製骨髓醬［骨髓 | 加藤］…096
味噌濃湯醬［味噌 | 篠原］…105
馬爾地夫魚和茉莉香米湯［馬爾地夫魚 | 山本］…145
兔肉醬汁［燕麥奶 | Kawai］…146
加了赤味噌的香菇碎（duxelle）［赤味噌 | 今橋］…160
咖啡康普茶醬汁［咖啡康普茶 | 田熊］…170
魚醬和柚子胡椒醬汁［魚醬 | 內藤］…181
豆鼓和米糠漬魚醬［豆鼓 | 郡司］…187
稻稈風味醬汁［稻稈 | 田熊］…196
甲魚肉醬（ragu）［甲魚 | 葛原］…222

依主廚索引

谷 昇 | Le Mange-Tout ル・マンジュ・トゥー

—

魯耶醬（sauce Rouille）…067
石狗公醬汁…127
血醬汁（sauce au sang）…136
紅酒醬汁…161

岸本直人 | naoto.K

—

蕪菁醬汁…014
萬願寺甜辣椒冷湯醬汁…048
番茄淚與柚子醬…069
貝亞恩斯醬…073
松露番茄醋汁…099
蘑菇煮汁…129
馬賽魚湯醬汁（bouillabaisse sauce）…140
焦化奶油醬汁…141
布列斯雞與龍蝦醬汁…142
星鰻精華醬汁…163
薩米斯醬汁（sauce salmis）…183

植木将仁 | AZUR et MASA UEKI

—

蕪菁白酒醬汁…037
鼠尾草馬德拉醬…133
焦化奶油牛肝蕈醬汁…189

飯塚隆太 | Restaurant Ryuzu レストラン リューズ

—

冬瓜庫利（coulis）…044
龍蝦乳化醬汁…090
焦化奶油醬…131

青木 誠 | Les Frères AOKI レフ アオキ

—

草莓香醋醬汁…086
紅酒醬（marchand de vin）…098
魚子醬的奶油白酒醬汁…130
索甸甜白酒醬（sauce Sauternes）…137
紅酒與蘋果醬汁…162
鴿內臟醬汁…188
鮎魚肝醬…215

篠原和夫 | Restrant Kazu レストランカズ

—

茴香醬汁…011
白色番茄醬汁…020
甜柑橘醬…064
春季高麗菜醬…071
紅色蘿蔔醬汁…104
味噌濃湯醬（bisque sauce）…105
牛蒡香氣的珠雞醬汁…174
鮑魚肝醬…214

JP Kawai | AMPHYCLES アンフィクレス

—

香草庫利（coulis）…040
蛋黃醬（美乃滋）…139
曼薩尼利亞雪利酒的奶油白酒醬汁…143
兔肉醬汁（lapin sauce）…146
雞汁（jus de volaille）…179
紅酒醬汁…182
波特酒醬汁…185
乳鴿的皇家醬汁（sauce royale）…219

佐々木直歩 | recte レクテ

—

黃瓜青檸醬汁…038
韭蔥醬汁…047
發酵蔬菜調味醬…070
朝鮮薊醬汁…120
豬肉醬汁…191

相原 薫 | Simplicité サンプリシテ

—

淡菜醬汁…023
乾燥蔬菜和鮪魚柴魚醬汁…166
馬賽魚湯醬汁（Bouillabaisse）…225

仲村渠 Bruno | bépocah ベポカ

—

奧科帕醬汁…036
「Aji amarillo」辣椒醬…061
生魚片醬汁…066
安地庫喬醬（anticucho）…085

木屋太一 佐藤友子 | KIYAS キヤス

—

柿子的莎莎醬（pico de gallo）…063
燈籠果泥…072
Mexican Pepperleaf發酵番茄醬…089
Carnitas味噌醬…091
紅芯蘿蔔和仙人掌的莎莎醬…094
燈籠果醬…102
季節蔬菜的摩爾醬（sauce mole）…167
棕色焦化奶油醬汁…173

山本聖司｜La Tourelle ラ・トゥーエル

—

番茄果凍 … 068
洛神花泡沫 … 101
馬爾地夫魚和茉莉香米湯 … 145
鴿子與烏賊墨醬 … 224

後藤祐輔｜AMOUR アムール

—

乳酪醬汁 … 019
燻製紅椒醬 … 093
法式酸辣醬（ravigote）… 107
馬頭魚高湯醬汁 … 122
鮎魚醬 … 123
山葵葉的白酒奶油醬汁 … 147
蘑菇和堅果雪利醋醬汁 … 168
鮎魚肝醬 … 216

今橋英明｜Restaurant L'aube レストランローブ

—

雞節和魚湯精華 椰奶 檸檬葉 … 021
乾燥甜蝦調味醬 … 092
香草醋汁 … 124
牛肉清湯和低脂酪乳泡沫醬汁 … 125
濃縮牡蠣風味調味醬… 126
加了赤味噌的香菇碎（duxelle）… 160
柿子醬汁 蘭姆酒和角豆風味 … 165
加入肝臟奶油的鴨汁 … 169
焦糖洋蔥汁、焦化奶油 …171
豬頭肉凍（fondant）… 190

中村和成｜LA BONNE TABLE ラ・ボンヌ・ターブル

—

青橘汁 … 060
烤玉米醬 … 074
燻製紅椒醬 … 087
牛蒡醬汁 … 175
烤茄子泥 … 194
鮎魚肝醬 … 221

江見常幸｜Espice エスピス

—

松露鮮奶油 … 015
燉蔬菜冰淇淋 … 106
阿爾布費拉醬（sauce Albuféra）… 134
焦化蔬菜醬汁 … 180

田熊一衛｜L'éclaireur レクレルール

—

乳清白醬汁 … 022
異國風味醬汁 … 088
菊苣泡菜與榛果醬汁 …100
蛤蜊高湯醬汁 … 121
茗荷與奧勒岡醬汁 … 144
咖啡康普茶醬汁 … 170
稻稈風味醬汁 … 196

加藤順一｜Restaurant L'ARGENT ラルジャン

—

稻稈醬汁 … 010
發酵番茄和檸檬百里香醬汁 … 046
燻製骨髓醬 … 096

內藤千博｜Ăn Đi

—

茉莉香米醬汁 … 017
甜辣醬 … 065
越南風味番茄醬 … 103
焦糖鳳梨與長胡椒醬汁… 172
魚醬和柚子胡椒醬汁 … 181

本田 遼｜OLD NEPAL オールド ネパール

—

沙克卡姆 … 018
綠辣椒阿查醬（chili achar）… 039
芝麻葉阿查醬 … 050
喜爾蒂姆胡椒與番茄的香料醬汁 … 095
稻稈燻番茄與喀什米爾辣椒的阿查醬 … 108
橄欖油和辣椒醬 … 128
自製肉醬和黑蒜、雞湯醬汁 … 178
水果阿查醬（fruit achar）… 192
黑芝麻、亞麻籽、杏仁的阿查醬 … 217
辣椒阿查醬 … 223

葛原将季｜Reminiscence レミニセンス

—

燻製豆腐白和 … 016
竹筍泥 … 025
生菜和蓼的泥 … 041
蓼葉醬汁 … 043
蘋果醋果凍 … 084
雪利酒醋與葡萄乾的酸甜醬… 176
雪利酒醋醬汁 … 177
鮎魚肝醬 … 212
鮎魚醬 … 213
黑松露醬汁 … 218
海螺肝醬汁 … 220
甲魚肉醬（ragu）… 222

髙木和也｜ars アルス

—

毛豆泡沫 … 012
牛肉清湯凍 … 062
龍蝦醬汁（sauce bisque）… 138
薩米斯醬汁 … 184

石崎優磨｜Yumanité ユマニテ

—

牡蠣精華泡沫（espuma）… 013
優格冰粉 … 024
羅勒油 … 045
薄荷油 … 049
修隆醬 … 097
檸檬葉風味的羊肉汁 … 132

郡司一磨｜Saucer ソーセ

—

紫蘇醬汁 … 042
苦艾酒醬汁 茴香酒增香… 135
鵪鶉醬汁 … 164
波爾多醬（sauce Bordelaise）… 186
豆鼓和米糠漬魚醬 … 187
牛肝蕈醬汁 … 193
梭子蟹的亞美利凱努醬（sauce américaine）… 195

25位主廚簡介

Le Mange-Tout ル・マンジュ・トゥー
谷 昇｜ Noboru Tani

—

1952年生於東京都。經歷東京六本木的「Ile de France」，24歲時前往法國。回國後曾在調理師學校任教。37歲時再度前往法國，在阿爾薩斯的「Crocodile」和「Schillinger」等餐廳修業。回國後，擔任「Aux Ciseaux Bleus」的料理長，並於1994年開設Le Mange-Tout兼主廚。

—

東京都新宿区納戸町22
http://www.le-mange-tout.com

naoto.K
岸本直人｜ Naoto Kishimoto

—

1966年生於東京都。曾在洋食店工作，後進入東京澀谷的「La Rochelle」。1994年前往法國，1996年回國後，成爲銀座「Austral」的副主廚，2001年成爲該餐廳的主廚。2006年在南青山開設「L'Embellir」，經過兩次遷移後結束營業。於2021年8月開設現餐廳。

＊取材時（一部分料理）仍為「L'Embellir」的主廚。

—

東京都千代田区神田錦町2-1-1
https://naotok.tokyo

AZUR et MASA UEKI
植木将仁｜ Masahito Ueki

—

1967年生於石川縣。在法國和美國修業後回國，進入㈱グローバルダイニング（Global Dining）工作。2000年在東京表參道開設「Restaurant J」。2007年遷移至長野輕井澤。2012年再度回到東京，開設「Restaurant MASA UEKI」，於2017年成爲現餐廳的主廚。

—

東京都港区西麻布2-24-7
西麻布MA ビルディング1階
http://www.restaurant-azur.com

Restaurant Ryuzu
レストラン リューズ
飯塚隆太｜ Ryuta Izuka

—

1968年生於新潟縣。經歷飯店工作後，擔任東京惠比壽「Château Restaurant Taillevent Robuchon」（現已改名）的部門主廚。1994年赴法國，回國後，曾在東京六本木的「L'Atelier de Joël Robuchon」等餐廳擔任主廚，於2011年獨立開業。

—

東京都港区六本木4-2-35
VORT六本木Dual's 地下1階
http://www.restaurant-ryuzu.com

Les Frères AOKI レフ アオキ
青木 誠｜ Makoto Aoki

—

1969年生於東京都。在帝國酒店和「L'Osier」修業後前往歐洲，於法國和德國進修。2001年再度赴法國，擔任「Au Revoir」的主廚後，於2006年在巴黎第8區開設「Makoto Aoki」。2019年回國，現餐廳於2021年與姊姊一同開設，先前餐廳的服務也是由她負責。

—

東京都中央区銀座3-12-6
銀座3丁目店舗ビル 1階
https://les-freres-aoki.business.site

Restaurant Kazu レストラン カズ
篠原和夫｜ Kazuo Shinohara

—

1971年生於茨城縣。在東京澀谷「La Rochelle」等餐廳修業後，於2000年前往美國紐約，在無國界料理（fusion）餐廳工作3年。回國後，經歷「La Rochelle福岡」，於2004年獨立開業。在福岡市營業19年後，準備於2023年底遷移至佐賀唐津。

—

http://www.kazukitchen.com

AMPHYCLES アンフィクレス
JP Kawai｜ Jean-Pierre Kawai

—

1973年生於東京都。修業於「Ça Marche」後前往法國巴黎，在「Lucas Carton」跟隨Alain Senderens學習，後來成爲「Senderens」的副料理長。回國後，擔任「Aux Ciseaux Bleus」的料理長，於2010年在東京多摩川獨立開業，2021年開設現餐廳。

—

東京都中央区日本橋蛎殻町1-19-1
https://www.amphycles.com

recte レクテ
佐々木直歩｜ Naobumi Sasaki

—

1973年生於福島縣。經歷東京銀座「Le Jardin des Saveurs」後於2001年赴法國，進修9年，其中2年擔任巴黎「Au Bon Accueil」的主廚。回國後，擔任北海道「The Windsor Hotel 洞爺」的料理長，於2017年成爲現餐廳的主廚。

—

東京都渋谷区恵比寿西2-17-5
サンビレッジ代官山2階
http://www.recte.jp

Simplicité サンプリシテ
相原 薫｜ Kaoru Aihara

—

1974年生於神奈川縣。1994年開始在神奈川葉山的法國料理店修業，該店擅長魚料理。2000年前往法國，2003年回國後，擔任「銀座L'ecrin」的副主廚，之後在東京廣尾「Révérence」和東京荻窪「Valinor」擔任主廚。於2017年開設現餐廳。

—

東京都渋谷区猿楽町3-9
アヴェニューサイド代官山Ｉ 2階
http://www.simplicite123.com

bépocah ベポカ

仲村渠ブルーノ｜ Bruno Nakandakari

—

1974年生於秘魯利馬。成長於經營多家餐廳的家庭。高中畢業後來到日本，在地方工廠工作後搬到東京。就讀IT專門學校後，從事軟體開發等工作。2013年，決心與友人西村春子女士共同開設秘魯料理店「bépocah ベポカ」。

—

東京都渋谷区神宮前2-17-6
https://www.instagram.com/bepocah

KIYAS キヤス

木屋太一｜ Taichi Kiya

—

1975年生於東京都。高中時代在美國度過。22歲踏入料理界，在東京都內的餐廳修業。曾任職於東京惠比壽的義大利料理店「ikra」，並成爲姐妹店「i TABLE」的主廚。在獨立籌備期間，受到巴黎的一家現代墨西哥餐廳的啟發，於2018年開設現餐廳。

佐藤友子｜ Tomoko Sato

—

1988年生於山形縣。於短大取得營養師資格後，經歷餐飲業和音樂工作室的工作，轉入料理界。曾在兼具咖啡廳和食堂的餐廳及和洋創意料理店工作，之後與當時擔任「i TABLE」主廚的木屋太一主廚共同經營該店約2年半。2018年「KIYAS キヤス」開業時成爲副主廚。

—

東京都渋谷区恵比寿2-9-2
T-CASTLE 恵比寿1階
https://www.kiyas.jp

La Tourelle ラ・トゥーエル

山本聖司｜ Seiji Yamamoto

—

1975年生於福岡縣。大學法語系畢業後，於「銀座L' ecrin」、東京西麻布「The Georgian Club」等餐廳修業。在東京都內的法國料理餐廳擔任主廚後，於2012年春季成爲現餐廳的料理長，並自2015年起擔任該店的主廚兼擁有者。

—

東京都新宿区神楽坂6-8
ボルゴ大〆2階
https://www.tourelle.jp

AMOUR アムール

後藤祐輔｜ Yusuke Goto

—

1979年生於東京都。畢業於調理師學校的法國校後，在「銀座L' ecrin」修業4年。之後赴法國，在多家餐廳累積經驗。回國後，於「Quintessence」、「Otowa restaurant」工作，並成爲「écurer」的主廚，自2012年現餐廳開業時擔任主廚。

—

東京都渋谷区広尾1-6-13
https://www.amourtokyojapan.com

Restaurant L'aube レストランローブ

今橋英明｜ Hideaki Imahashi

—

1980年生於神奈川縣。經歷神奈川橫濱的「霧笛楼」後赴法國，在「Keisuke Matsushima」等餐廳工作。回國後，進入「Restaurant-I」。同時在鎌倉的農場工作，每週4天從事農業，3天在餐廳。擔任該店主廚後於2016年開設現餐廳，並於2023年遷移至現址。

—

東京都港区六本木1-9-10
アークヒルズ 仙石山森タワー1階
https://www.restaurant-laube.com

LA BONNE TABLE ラ・ボンヌ・ターブル

中村和成｜ Kazunari Nakamura

—

1980年生於千葉縣。曾在「シェ松尾」集團和東京新江古田的「ラ・リオン」等餐廳累積經驗。自2010年起在「CITABRIA」工作，該店重組爲「L'Effervescence」後，於2012年成爲副主廚。2014年起擔任該集團旗下現餐廳的主廚。

—

東京都中央区日本橋室町2-3-1
コレド室町2 1階
http://labonnetable.jp

Espice エスピス

江見常幸｜ Tsuneyuki Emi

—

1981年生於兵庫縣。曾在神戶的「vis-a-vis」等餐廳工作，25歲時赴法國，於「Auberge du Vieux Puits」(Fontjoncouse)及巴黎的「L'Arpège」等餐廳工作約2年。回國後，擔任神戶的酒吧「KNOT」的主廚，於2016年10月成爲現餐廳的主廚。

—

神戸市中央区中山手通2-3-25
メゾンエスプリ生田1-1
http://espice.meiwa-kobe.jp

L'éclaireur レクレルール

田熊一衛｜ Ichiei Taguma

—

1981年生於福岡縣。經歷東京代官山的「Les Enfants Gâtés」等餐廳後，於2009年赴法國。在「Dominique Bouchet」和「David Toutain」等餐廳工作，並擔任「Le Cinq」的副主廚。回國後，於2018年6月在白金高輪開設「Libre」，並於2021年9月開設現餐廳。

—

東京都渋谷区代官山町6-6
SPT代官山1階
https://leclaireur.restaurant

Restaurant L'ARGENT ラルジャン
加藤順一｜Junichi Kato

—

1982年生於靜岡縣。經過東京・芝的「tateru yoshino」和和歌山的「Hôtel de yoshino」修業後，赴法國巴黎的「Astrance」工作。2012年前往丹麥，工作2年。自2015年起擔任「Sublime」主廚，於2020年現店開業時就任主廚。2023年遷至現址。

＊取材時爲「Sublime」

—

東京都千代田区霞が関3-2-6
東京倶楽部ビルディング2階
霞ダイニング
https://largent.tokyo

Ăn Đi
内藤千博｜Chihiro Naito

—

1983年生於埼玉縣。調理師學校畢業後，進入「CITABRIA」工作。於「L'Effervescence」開業時加入並成爲副主廚。受大越基裕先生的影響，於2018年成爲其新店「Ăn Đi」的主廚。

—

東京都渋谷区神宮前3-42-12 1階
http://andivietnamese.com

OLD NEPAL オールド ネパール
本田 遼｜Ryo Honda

—

1983年生於兵庫縣。經歷和食料理人後，進入神戶的尼泊爾料理店「Khukurī ククリ」。後參與尼泊爾旅行社日本分公司的成立。2015年於大阪開設「ダルバート食堂」，2020年在東京・豪德寺開設現代尼泊爾料理餐廳。

—

東京都世田谷区豪徳寺1-42-11
https://www.instagram.com/oldnepal_tokyo

Reminiscence レミニセンス
葛原将季｜Masaki Kuzuhara

—

1985年生於愛知縣。曾於「Quintessence」研修約3年半、「HAJIME」約3年。經過愛知名古屋的鰻魚料理店「あつた蓬莱軒 本店」研修後，於2015年在名古屋市獨立開店。2023年於同市內遷至新址，並改建爲附設酒吧的獨棟餐廳。

—

愛知県名古屋市東区筒井3-18-3南口
http://www.reminiscence0723.com

ars アルス
髙木和也｜Kazuya Takagi

—

1985年生於千葉縣。經歷Sheraton Grande Tokyo Bay Hotel、Orexis、L'Effervescence、Restaurant La FinS的修業。擔任東京渋谷「Calie」和外苑前「L'Evol」的主廚後，於2021年開設現餐廳。

＊取材時爲「L'Evol」

—

東京都中央区日本橋蛎殻町1-11-9
マガザン人形町1階
https://www.instagram.com/restaurant_ars_tokyo

Yumanité ユマニテ
石崎優磨｜Yuma Ishizaki

—

1986年生於千葉縣。曾於「銀座Aux Amis des Vins本店」、「Florilège」修業，並赴法國工作1年。回國後，進入「CHIC peut-ētre」。曾任東京・代代木八幡的「9 STORIES」主廚，於2021年開設現餐廳。

＊取材時爲「9 STORIES」

—

東京都渋谷区上原1-1-20 2階
https://yumanite.com

Saucer ソーセ
郡司一磨｜Kazuma Gunji

—

1986年生於神奈川縣。經歷「銀座LA TOUR」後，於2014年赴法國，在里昂和巴黎修業1年。回國後，於2015年進入「Esquisse」，並參與次年開業的姊妹店「ARGILE」。擔任東京・赤坂「Boutary」主廚，於2021年10月現餐廳開業時就任主廚。

—

東京都渋谷区恵比寿西2-7-10
えびす第3ビル 地下1階
https://www.instagram.com/restaurant_saucer

系列名稱／EASY COOK
書名／「新醬汁圖鑑」以顏色區分，跨越日法料理類型，精選星級餐廳醬汁151種
編者／柴田書店
出版者／大境文化事業有限公司
發行人／趙天德
總編輯／車東蔚
文 編・校 對／編輯部
美編／R.C. Work Shop
地址／台北市雨聲街77號1樓
TEL／（02）2838-7996
FAX／（02）2836-0028
初版日期／2024年10月
定價／新台幣950元
ISBN／9786269849420
書號／E138
讀者專線／（02）2836-0069
www.ecook.com.tw
E-mail／service@ecook.com.tw
劃撥帳號／19260956大境文化事業有限公司

請連結至以下表單填寫讀者回函，將不定期的收到優惠通知。

國家圖書館出版品預行編目資料
「新醬汁圖鑑」以顏色區分，跨越日法料理類型，精選星級餐廳醬汁151種
柴田書店 編：初版：臺北市
大境文化，2024[113] 240面；
19×26公分 （EASY COOK：E138）
ISBN／9786269849420
1.CST：調味品 2.CST：烹飪
3.CST：食譜
427.61 113010526

| 封面影像 | チカツタケオ

| 設計 | 纐纈友洋

| 攝影 |
天方晴子
（Ăn Đi、naoto.K〈部分〉、アムール、オールド ネパール、ラ・トゥーエル、ラ・ボンヌ・ターブル、ル・マンジュ・トゥー、レクテ）
大山裕平
（アルス、サンプリシテ、ユマニテ、ラルジャン）
合田昌弘
（AZUR et MASA UEKI、naoto.K〈部分〉、アンフィクレス、ソーセ、レクレルール、レストラン リューズ、レストランローブ、レフ アオキ）
坂元俊満
（レストラン カズ）
高見尊裕
（エスピス、レミニセンス）
宮本信義
（キャス、ペポカ）

| 編輯 | 丸田祐、井上美希